T. R. Lakshmeesha
M. K. Sateesh

Rastreio, isolamento e identificação da micoflora de sementes de soja

MIX
Papier aus verantwortungsvollen Quellen
Paper from responsible sources
FSC® C105338

Printed by Books on Demand GmbH, Norderstedt / Germany

T. R. Lakshmeesha
M. K. Sateesh

Rastreio, isolamento e identificação da micoflora de sementes de soja

Micoflora de sementes de soja

ScienciaScripts

Imprint

Cover image: www.ingimage.com

This book is a translation from the original published under ISBN 978-3-659-22945-9.

Publisher:
Sciencia Scripts
is a trademark of
Dodo Books Indian Ocean Ltd. and OmniScriptum S.R.L publishing group

120 High Road, East Finchley, London, N2 9ED, United Kingdom
Str. Armeneasca 28/1, office 1, Chisinau MD-2012, Republic of Moldova, Europe
Printed at: see last page
ISBN: 978-620-8-35169-4

ÍNDICE

RECONHECIMENTO

Expresso o meu profundo sentimento de gratidão ao **Dr. M. K. Sateesh**, Professor Assistente, Molecular Diagnostics and Nanobiotechnology Laboratories, Department of Microbiology and Biotechnology, Bangalore University, pela sua orientação competente, inspiração constante, interesse contínuo, encorajamento e sugestões construtivas ao longo do presente trabalho de investigação. De facto, trabalhar com ele foi a melhor experiência da minha vida e aproveito esta oportunidade para lhe apresentar os meus sinceros agradecimentos.

K. Manjunath, presidente do Departamento de Microbiologia e Biotecnologia, ao **Prof. S. K. Sarangi**, antigo presidente do Departamento de Microbiologia e Biotecnologia e ao **Prof. S. Chidananda Sharma**, do Departamento de Microbiologia e Biotecnologia, por terem disponibilizado as infra-estruturas necessárias no departamento para a realização do meu trabalho de investigação, sem as quais nada teria sido possível.

C. Srinivas e a todos os outros membros do corpo docente do Departamento de Microbiologia e Biotecnologia pelo seu apoio moral e várias sugestões durante o meu período de investigação.

A conclusão desta investigação deve-se em grande parte ao apoio moral e à cooperação ativa dos meus amigos: **Sr. K. B. Ramesh** (Departamento de Química), **Dr. M. Kumar** (Departamento de Ciências do Ambiente), **Dr. S. Arun** (Departamento de Zoologia), **Sr. J. M. Kattimani** (Departamento de Geologia), **Sr. M. Thippanna** (Departamento de Botânica), **Sra. G. L. Sreelatha** (Departamento de Microbiologia e Biotecnologia). Agradeço a todos os meus bons amigos por terem estado comigo desde o início desta longa viagem de investigação, partilhando as minhas alegrias e tristezas com igual disponibilidade.

Por último, não seria quem sou sem os meus pais, **o Sr. T. Ramachandrappa e a Sra. K. H. Hemavathi** e os membros da família**, a Sra. R. Sudha e o Sr. G. Puneeth**. Desde muito cedo, os meus pais encorajaram-me a ir mais longe e a satisfazer a minha curiosidade. Não há palavras para exprimir a minha dívida para com os meus pais que, através do seu amor e afeto, dos seus desejos e orações, me deram a inspiração para fazer o trabalho que escolhi. Não posso agradecer-vos o suficiente pelo apoio (emocional e financeiro) e pelo amor que me deram sem questionar ao longo dos anos.

Dr. Lakshmeesha T. R.

LISTA DE ACRÓNIMOS

AD	Anno Doni
aw	water activity
BC	Before Christ
BPM	Blotter paper method
℃	Celsius, degree
cm	Centimeter
concn.	Concentration
diam.	Diameter
dm3	cubic decimeter
et al.	*et alia.*
etc.	et cetera
FAO	Food and Agriculture Organization
g	Gram
h	Hour
ITS	Internal transcribed spacer
Kg	kilogram
pH	hygrogen ion, minus log concentration
l	Litre
mg	milligram
%	per cent
PDA	Potato dextrose agar
PDB	Potato dextrose broth
RPO	Relative per cent occurrence
SBP	Standard blotter paper

RESUMO

[th]A soja [*Glycine max* (L.) Merrill] é uma cultura leguminosa domesticada devido ao seu elevado teor de proteínas e óleo vegetal por volta do século XI a.C. no nordeste da China. Os EUA têm sido o maior produtor de soja, seguidos pelo Brasil, Argentina e China, sendo a Índia o quinto maior produtor. A escassez de terras férteis leva à escassez de alimentos a nível local, a preços elevados, à fome e à subnutrição. Estes factores desempenham um papel importante no progresso dos países em desenvolvimento. As leguminosas, com elevados valores proteicos e energéticos, são cultivadas em grande escala para fazer face aos problemas acima referidos.

A produção de sementes de soja de um país depende da boa qualidade das sementes. As sementes de qualidade desempenham um papel muito importante na produção de uma cultura saudável. A produção de sementes de soja está a ser afetada devido a uma série de limitações abióticas e bióticas que ameaçam o rendimento das sementes de soja. A micoflora é responsável pela devastação de 25 por cento das culturas mundiais. Nos países em desenvolvimento, como a Índia, a produção de soja é influenciada por factores ambientais, como as condições de calor e humidade. O clima subtropical indiano favorece o crescimento de insectos e microrganismos fitopatogénicos, como bactérias e fungos, que reduzem o rendimento da soja. As doenças fúngicas importantes transmitidas pelas sementes de soja são a antracnose, o míldio, o míldio da vagem e do caule, a mancha púrpura das sementes, a podridão do carvão, a podridão das sementes e das raízes, etc. Estes agentes patogénicos fúngicos desempenham um papel fundamental na redução da qualidade e quantidade da produção de soja.

O presente trabalho de investigação foi realizado para a identificação da micoflora transmitida por sementes de soja do estado de Karnataka, na Índia. Utilizou-se o método padrão de papel mata-borrão e placa de ágar para o isolamento da micoflora transmitida por sementes, de acordo com o protocolo das Regras Internacionais para Testes de Sementes (2014). Observou-se que todas as variedades de soja selecionadas abrigavam diversas espécies de fungos, *nomeadamente Alternaria alternata, Aspergillus fumigatus, A. niger, A. ochraceus, Colletotrichum dematium, Curvularia lunata, Chaetomium globosum, Cercospora kikuchii, C. sojina, Drechslera avenae, Fusarium equiseti, F. solani, Nigrospora sphaerica, Phomopsis longicolla, Phoma* spp, *Rhizopus* spp., *Trichothecium roseum, Trichoderma viridae, Verticillium nigrescens* e outras espécies não identificadas. Entre os fungos isolados, os fungos mais frequentemente observados foram *A. flavus, C. cladosporioides, F. equiseti* e *M. phaseolina.* Todos estes quatro organismos fúngicos foram posteriormente selecionados para caraterização molecular.

CAPÍTULO I

INTRODUÇÃO

A escassez de alimentos é o problema mais grave do século atual a nível mundial. Para satisfazer a procura crescente de alimentos por parte da população mundial em rápido crescimento, a produção agrícola tem de aumentar mais 50% até 2025 (Khush, 2001; Bouregaa e Fenni, 2014). A Organização das Nações Unidas para a Alimentação e a Agricultura (FAO) registou em 2010, na sequência de uma catástrofe global dos preços dos alimentos e no meio de uma recessão mundial, que o número de pessoas subnutridas era de 925 milhões. Por conseguinte, é particularmente importante que os investigadores tomem medidas concertadas para combater a fome, especialmente entre as crianças pequenas.

Nos países em desenvolvimento, em particular, o cultivo de leguminosas é a forma mais rápida e primordial de aumentar a produção de proteínas alimentares (International Food Policy Research Institute, 2014). Do grande número de espécies de leguminosas conhecidas, a soja foi considerada como a cultura de leguminosas mais utilizada para o fornecimento de proteínas. A soja [*Glycine max* (L.) Merrill] é uma cultura leguminosa, conhecida como *"feijão dourado"*, *"feijão milagroso"* e *"vaca do campo"*, originária da China. Devido ao seu elevado teor de proteínas e de óleo vegetal, esta cultura é cultivada em todo o mundo. A importância das leguminosas como fonte de alimento para os seres humanos e os animais domésticos só é ultrapassada pelas gramíneas. Têm feito parte do sistema de cultivo de quase todas as culturas humanas, mas praticamente nunca foram a principal fonte de alimento. A sua principal contribuição parece ter sido o fornecimento de novo azoto fixo ao sistema agrícola, fornecendo ao mesmo tempo proteínas valiosas e alguns aminoácidos essenciais como suplemento às dietas de cereais e raízes (Delwiche, 1978; Alexandratos e Bruinsma, 2012; Bouchenak e Lamri, 2013; Yang *et al.,* 2014).

Os EUA têm sido o maior produtor de soja, seguidos pelo Brasil, Argentina e China. A soja foi introduzida na Índia a partir da China no século Xth d.C. através das rotas dos Himalaias via Myanmar. A Índia é o quinto maior produtor de soja do mundo e o quarto maior exportador mundial de farinha de soja. É atualmente a segunda maior oleaginosa na Índia, depois do amendoim (Deshpande, 2014).

1.1. Caraterísticas botânicas

Botanicamente, a soja pertence à ordem *Fabales* e à família *Fabaceae,* porque tem um pistilo único em que um único carpelo se desenvolve numa vagem que contém as sementes. Esta família é caracterizada por plantas com flores e é mais vulgarmente conhecida como a família das leguminosas e a subfamília *Faboideae*. O género *Glycine* e a espécie foi *max*, ou seja, o binómio científico da planta (Figura 1.1). É diferente de todos os outros géneros porque é a única planta erecta da família, ao passo que todos os outros géneros são ou cordados ou trepadeiras. O nome genérico foi dado à soja como *Glycine max* por Carl von Linne.

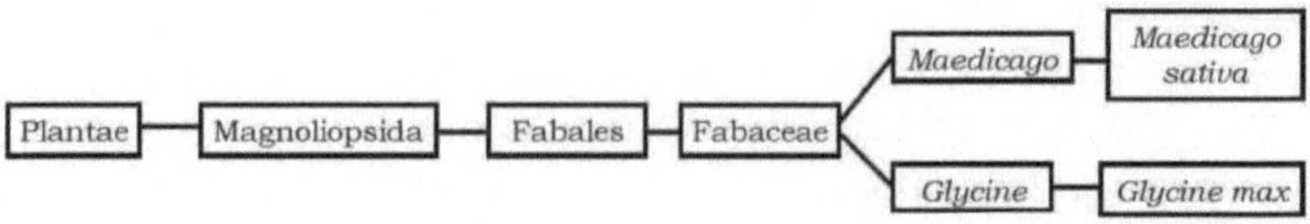

Figura 1.1. Árvore filogenética baseada em caraterísticas morfológicas relacionadas com *Glycine max*. É única por mostrar relações com a espécie *Medicago sativa*.

A soja é uma planta herbácea erecta e arbustiva que pode atingir uma altura de 1,5 metros. As folhas primárias são unifoliadas, ovadas e opostas e as folhas secundárias são trifoliadas. O sistema radicular é nodulado e consiste numa raiz principal da qual emerge um sistema radicular lateral. A flor é constituída por um cálice tubular de cinco sépalas, uma corola de cinco pétalas, um pistilo e nove estames fundidos com um único estame posterior separado. A vagem é ligeiramente curvada, com dois a sete cm de comprimento e é constituída por sementes de forma oval, que variam consoante as diferentes cultivares, desde esféricas a alongadas e achatadas (Figura 1.2).

Figura 1.2. Plantas de soja (A), vagens (B) e sementes (C).

1.2. Estatuto internacional

A primeira domesticação da soja pode ser rastreada até ao Sudeste Asiático por volta de 1100 a.C. ou talvez um pouco antes, onde foi cultivada como cultura alimentar (Shurtleff e Aoyagi, 2010). A disseminação das sementes de soja deveu-se ao estabelecimento de rotas comerciais terrestres e marítimas. A soja foi introduzida em vários países, como o Japão, a Indonésia, as Filipinas, o Vietname, a Tailândia, a Malásia, a Birmânia, o Nepal e a Índia. A soja foi introduzida na Europa por um botânico alemão, Englebert Kaempfer, em 1712 (Shurtleff e Aoyagi, 2013). Infelizmente, as más condições do solo e do clima na Europa limitaram o crescimento da soja como cultura em toda a Europa.

thOs primeiros grãos de soja chegaram à América no início do século XIX através de navios comerciais que regressavam do Oriente. James Mease publicou pela primeira vez literatura que promovia a soja como uma cultura da Pensilvânia. O famoso químico americano G. W. Carver descobriu que a soja é uma fonte valiosa de proteínas e óleo. Por volta de 1900, o Departamento de Agricultura dos Estados Unidos incentivou os agricultores a fazerem a rotação das suas culturas com soja. Desde 1997, a soja OGM está a ser utilizada num número crescente de produtos. Entre todos os produtos agrícolas dos EUA, a soja supera o sector das sementes oleaginosas em valor e volume total de exportação (Milazzo *et al.*, 2013).

Os Estados Unidos da América são o maior produtor e exportador mundial de soja (40.505 mil toneladas métricas), embora a soja seja originária do Sudeste Asiático. As exportações de oleaginosas e produtos derivados, em especial a soja, representam uma fonte significativa de procura para os produtores norte-americanos e dão um grande contributo líquido para a balança comercial agrícola dos EUA. A produção mundial de soja está registada em 98.929 mil toneladas métricas, mais 82.561 mil toneladas métricas do que na colheita de 2013, devido a rendimentos recorde.

Os EUA são o país líder na produção e exportação de soja em 2014 (Figura 1.3). Atualmente, os principais países produtores de soja em 2013-14 são os EUA, o Brasil, a Argentina, a China, a Índia, o Paraguai e o Canadá (Quadro 1.1).

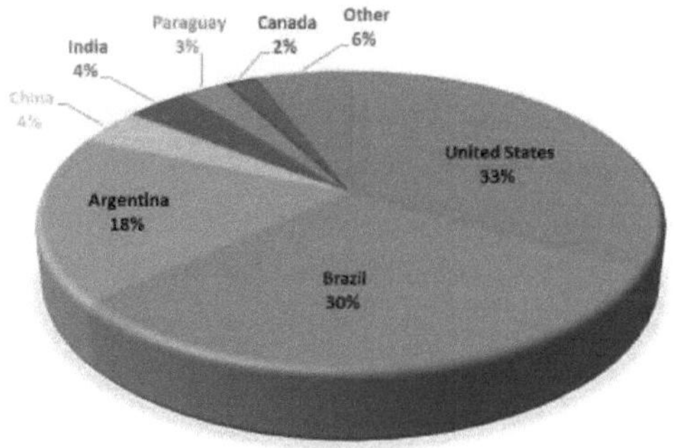

Figura 1.3. Percentagem de diferentes países na produção mundial de soja (2014).

Tabela 1.1. Produção mundial de soja de 2009 a 2014 (milhões de toneladas métricas).

País	2009/10	2010/11	2011/12	2012/13	2013/14	2014
Estados Unidos	91417	90605	84192	82561	89507	98929
Brasil	69000	75300	66500	82000	87500	91000
Argentina	54500	49000	40100	49300	54000	54000
China	14980	15080	14485	13050	12200	12000
Índia	9700	9800	11000	11500	11000	12000
Paraguai	6462	7128	4043	8300	8100	8200
Canadá	3581	4445	4298	5086	5200	6100
Outros	10960	12787	14907	16056	16281	17591
Total	260600	264145	239525	267853	283788	299820

(Fonte: FAOSTAT, USDA)

1.3. Estatuto nacional

A introdução da soja na Índia começou há relativamente séculos, através das montanhas dos Himalaias, via Myanmar (Birmânia), por comerciantes da Indonésia (Hymowitz, 1969). A soja é cultivada na Índia principalmente como uma cultura de kharif; por conseguinte, a influência da precipitação no rendimento era maior. As plantas floresceram nas condições climáticas quentes e húmidas do verão indiano. A soja preta tem sido tradicionalmente cultivada em pequena escala em Himachal Pradesh, nas colinas Kumaon de Uttaranchal, na parte oriental de Bengala Ocidental, nas colinas Khasi, em Manipur, nas colinas Naga e em partes da Índia central que abrangem Madhya Pradesh (Shah, 2014). O feijão era referido localmente como bhat, bhatman, bhatmas, ramkulthi, garakalay e kalitur.

Sasanka, juntamente com o Dr. Guha, de Calcutá, foi considerada pioneira na evolução e crescimento da investigação sobre a soja durante a fome de Bengala de 1943, em que 5 000 000 de pessoas morreram à fome. Utilizaram a soja no fabrico de leite de soja para alimentar as crianças famintas. Com os excelentes resultados obtidos com este trabalho, o departamento alimentar do governo federal criou um subcomité para expandir a produção de soja na Índia e popularizar os alimentos de soja, especialmente o leite de soja, a farinha de soja e o óleo de soja. Sasanka apresentou um trabalho sobre "Soybeans in India" na convenção anual da American Soybean Association, em setembro de 1948. Mais tarde, em 1965, escreveu um livro sobre "The Present State of Protein-Rich Food Development in Asia and the Far East", com ênfase nos alimentos de soja (Evenson e Rosegrant, 1998).

O Estado do Uttar Pradesh assinou um contrato com a Agência para o Desenvolvimento Internacional dos EUA (USAID) para trabalhar com a Universidade do Illinois na construção da Universidade Agrícola do Uttar Pradesh em Pantnagar. Foi rebaptizada como Universidade de Agricultura e Tecnologia G. B. Pant em honra do ministro-chefe do

Uttar Pradesh. Em 1964, a Jawaharlal Nehru Krishi Vishwa Vidyalaya foi oficialmente inaugurada em Jabalpur, Madhya Pradesh, e a Universidade do Illinois assinou um contrato de ajuda para apoiar também esta nova universidade. Em 1972, a Soya Production and Research Association (SPRA) em Bareilly, uma empresa formada como uma joint venture do Nave Technical Institute e da Pantnagar University, desempenhou um papel fundamental no pioneirismo dos alimentos de soja e da produção de soja na Índia (Agarwal *et al.*, 2013).

Em 1967, o Projeto de Investigação Coordenada sobre Soja de Toda a Índia (AICRPS) foi iniciado como um esforço de equipa para desenvolver a soja como uma nova fonte de proteína alimentar em Pantnagar. Tratava-se de um empreendimento conjunto entre o Conselho Indiano de Investigação Agrícola (ICAR), muitas outras universidades e várias outras organizações. Estes esforços abriram caminho para um programa sistemático de melhoramento da soja e foram desenvolvidas várias variedades melhoradas. Isso levou ao desenvolvimento de um pacote completo de práticas para a produção de soja em diferentes zonas agroclimáticas e sistemas de cultivo e à disseminação inicial do cultivo de soja em partes de Madhya Pradesh e Uttar Pradesh (Deshpande *et al.*, 1993).

Os preços do óleo alimentar no mercado interno registaram um aumento acentuado durante a década de 1970. A Índia teve de aumentar as importações de óleo alimentar, que constituíam cerca de 30% da disponibilidade total de óleos alimentares no país. Nessa altura, a cultura da soja estava a ser lançada na Índia. A fim de fazer face à escassez de óleos alimentares no país, o Governo da Índia lançou a Missão Tecnológica sobre as Sementes Oleaginosas (TMO) em maio de 1986 e iniciou o Projeto de Impulso à Produção de Sementes Oleaginosas (OPTP) em 1987 (Dohlman, 2003). De acordo com o Conselho Nacional de Investigação Económica Aplicada (NCAER), no ano de 2015, a procura de óleo alimentar na Índia seria de 20 milhões de toneladas por ano. Considerando a atual oferta interna de óleo comestível de 7 milhões de toneladas por ano, prevê-se um défice de 13 milhões de toneladas por ano em 2015. Para colmatar esta lacuna, a Índia gastaria enormes divisas na importação de óleo alimentar. A produção de soja pode contribuir com uma enorme quantidade de óleo comestível neste domínio.

1.4. Área, rendimento e produção de soja na Índia

Atualmente, a soja é cultivada predominantemente em Madhya Pradesh, Maharashtra, Rajasthan, Andhra Pradesh, Karnataka e Chhattisgarh (Figura 1.4).

Figura 1.4. Principais áreas de cultivo de soja na Índia.

A soja é a cultura kharif mais importante de Madhya Pradesh (Agarwal e Singh, 2014). A maioria das famílias de agricultores em Madhya Pradesh dependia das actividades de cultivo da soja. Em Madhya Pradesh, a área cultivada com soja durante a Kharif 2013 foi de 62,605 lakh hectare, em comparação com 58,125 lakh hectare durante a Kharif 2012, o que revelou um crescimento de 7,7 por cento. O rendimento e a produção durante a Kharif 2013 foram, respetivamente, de 950 kg por hectare e 59,475 toneladas métricas, contra 1150 kg por hectare e 66,850 toneladas métricas durante a Kharif 2012, o que revela uma diminuição de 7,29% da produção.

Em Maharashtra, a área cultivada com soja durante a kharif 2013 foi de 38,704 lakh hectares, em comparação com 32,130 lakh hectares durante a kharif 2012. O rendimento foi de 1255 kg por hectare e a produção de 48,565 toneladas métricas durante a kharif 2013. Em Rajasthan, a área total cultivada com soja durante a kharif 2013 foi de 10,588 lakh hectares, em comparação com 9,870 lakh hectares durante a kharif 2012. O rendimento de 1150 kg por hectare e uma produção de 12,176 Lakh MT durante a kharif 2013. Em Andhra Pradesh, Karnataka, Chhattisgarh, Gujarat e outros Estados, a área cultivada com soja foi de 8,43 lakh hectare e a produção de 9,616 lakh toneladas métricas durante a kharif 2013. Em Karnataka, entre 2000 e 2012, a produção de soja foi registada no Quadro 1.2 e, em 2012, aumentou para 1,91 lakh hectares e a produção foi de cerca de 1,72 toneladas, com um rendimento de cerca de 950 kg por hectare.

Quadro 1.2. Área total de soja, rendimento e produção de soja em Karnataka de 2000 a 2012.

Ano	Área (Lakh hectares)	Produção (toneladas)	Rendimento (Kg/hectare)
2000-01	0.63	0.65	1098
2001-02	0.48	0.40	874
2002-03	0.58	0.48	874
2003-04	0.94	0.45	507
2004-05	1.59	1.00	659
2005-06	1.33	0.08	590
2006-07	1.31	0.10	780
2007-08	1.13	0.92	858
2008-09	1.34	0.93	726
2009-10	1.84	0.82	472
2010-11	1.68	1.47	923
2011-12	1.91	1.72	950

Fonte: Direção da Agricultura, Karnataka.

1.5. Valores nutricionais

A soja é a leguminosa de semente mais importante do mundo, que contribui com 25 por cento do óleo comestível global, cerca de dois terços do concentrado proteico mundial para a alimentação do gado. A semente de soja é uma planta alimentar versátil, utilizada de várias formas e capaz de fornecer a maioria dos nutrientes (Cooke, 1975; Rist *et al.*, 2014). Pode substituir a carne e, em certa medida, também o leite (Steinkraus, 1997; Kikuchi, 1999; Jiang, 2013). É um alimento singular devido ao seu rico teor de nutrientes (Aparicio, 2008). A soja contém proteínas vegetais, oligossacáridos, fibras alimentares, fitoquímicos (especialmente isoflavonas) e minerais (Somekawa *et al.*, 2001; Friedman e Brandon, 2001).

Contém cerca de 40% de proteínas de alta qualidade, 19% de óleo, 19% de hidratos de carbono insolúveis (fibra), 7% de hidratos de carbono solúveis, 13% de humidade e 2% de cinzas (minerais). A soja é constituída por uma proteína de alta qualidade, contra 12 por cento no trigo, 7,0 por cento no arroz, 10 por cento no milho e 20-25 por cento noutras leguminosas (Li *et al.,* 2014).

A proteína da soja é composta por aminoácidos e a qualidade dessa proteína baseia-se no número e nos tipos de aminoácidos que contêm (Quadro 1.3). Os alimentos de origem animal contêm proteínas de alta qualidade e a clara de ovo é a proteína de maior qualidade de todas. Ao contrário de outras proteínas vegetais, a proteína de soja contém a maioria dos aminoácidos essenciais necessários para uma boa saúde. Este facto faz da proteína de soja uma proteína completa, semelhante à proteína encontrada nos alimentos de origem animal. Dois aminoácidos essenciais da proteína de soja, a metionina e a lisina, estão presentes apenas em pequenas quantidades (Asif e Acharya, 2013). De acordo com a investigação do Departamento de Agricultura dos EUA, esta limitação, combinada com um número de pessoas que têm alergias à soja e dificuldade em digerir a proteína de soja, faz com que a proteína de soja não se compare tão favoravelmente com a proteína animal para algumas pessoas como para outras. A Food and Drug Administration (FDA) dos EUA aprovou uma alegação de saúde baseada no papel da proteína de soja na redução das doenças cardíacas (Bazzano *et al.,* 2001).

Tabela 1.3. Composição de aminoácidos da semente de soja.

Sl. Não.	**Aminoácido**	**mg/g de proteína**
1	Alanina	40.23
2	Arginina	77.16
3	Ácido aspártico	68.86
4	Cistina	25.00
5	Ácido glutâmico	190.16
6	Glicina	36.72
7	Histidina	34.38
8	4 - Hidroxiprolina	1.40
9	Isoleucina	51.58
10	Leucina	81.69
11	Lisina	68.37
12	Metionina	10.70
13	Fenilalanina	56.29
14	Prolina	52.91
15	Serina	54.05
16	Treonina	41.94
17	Triptofano	12.73
18	Triosina	41.55
19	Valina	41.55

Além disso, melhora a tolerância à glucose em alguns doentes diabéticos (Munoz, 1979; Mohamed, 2014). Aumenta o peso fecal húmido e reduz a densidade calórica de alguns alimentos. Uma fibra dietética parece mostrar um efeito positivo na diarreia e na obstipação e como terapia para a síndrome do intestino irritável (Zar *et al.,* 2005). Tem efeitos anti-inflamatórios e anti-carcinogénicos no sistema digestivo. As proteínas de soja são bem equilibradas em termos de aminoácidos essenciais, exceto ligeiramente limitadas em metionina. Quando bem processados, os produtos de soja servem como fonte principal ou única de ingestão de proteínas; o seu valor proteico aproxima-se ou iguala os alimentos de origem animal. A soja contém mais cálcio e ferro do que várias espécies comuns de ervilhas e feijões. A farinha de soja integral foi uma boa fonte de fibras alimentares. É muito rica em hemiceluloses e celulose, enquanto os níveis de lignina são baixos. As vitaminas E e K só foram encontradas nas sementes inteiras e nas farinhas não desengorduradas (Omoni e Aluko, 2005). Nos pratos indianos e ocidentais, vários produtos ricos em proteínas, como pão, chapatti, leite de soja, doces, etc. (Figura 1.5) são preparados com sementes de soja (Britto, 2013).

A soja é uma das mais importantes culturas de leguminosas a nível mundial, sendo uma fonte predominante de proteínas para alimentação animal e de óleo alimentar. É agora a primeira espécie de leguminosa com um projeto de sequência completa do genoma publicado por uma equipa de investigação composta por 18 instituições, incluindo o Instituto Conjunto do Genoma do Departamento de Energia dos EUA (DOE JGI), o Serviço de Investigação Agrícola do Departamento de Agricultura dos EUA (USDA-ARS), a Universidade de Purdue e a Universidade da Carolina do Norte em Charlotte. Jeremy Schmutz foi o primeiro autor do estudo e cientista do DOE JGI no Hudson Alpha Institute for Biotechnology, no Alabama. thA sequência do genoma do estudo de sequenciação da soja paleopoliplóide foi publicada como artigo de capa na edição de 14 de janeiro de 2010 da revista Nature.

A sequenciação shotgun do genoma completo de sementes de soja da cultivar Williams 82 foi efectuada utilizando o método tradicional de Sanger e montada utilizando o algoritmo Arachne. O genoma da soja era composto por 950 mega bases (Mb) de sequências montadas e ancoradas em 20 conjuntos de cromossomas de soja. Representando 46.430 genes codificadores de proteínas e 115 Mb do genoma da soja estão localizados nas extremidades dos cromossomas, que são responsáveis pela maioria dos eventos de recombinação genética. Os elementos transponíveis ocupam uma porção significativa do genoma da soja, tendo sido identificados um total de 32 552 elementos de classe I (incluindo 32 370 transposões LTR-retro e 182 LINEs) e 6029 transposões de ADN (incluindo 9 Tc1-Mariners, 90 PIF Harbingers, 65 hATs, 2373 Mutators, 65 CACTAs, 12 PONGs e 82 Helitrons), ocupando 42% e 16% do genoma, respetivamente (Schmutz *et al.*,

2010).

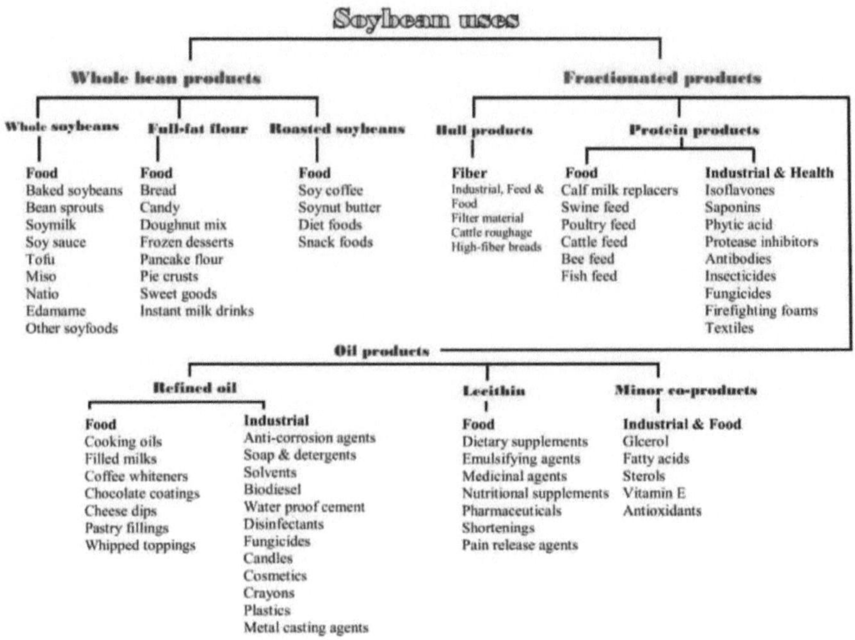

Figura 1.5. Produtos de soja e suas utilizações.

O mapa genético da soja foi considerado como uma referência fundamental para mais de 20 000 espécies de leguminosas. É fundamental para os geneticistas de plantas compreenderem melhor e melhorarem a capacidade da planta para converter dióxido de carbono, água, azoto e luz solar em nutrientes proteicos. Atualmente, a soja é considerada uma das principais fontes de biodiesel, um combustível renovável e alternativo com o maior teor energético de todos os combustíveis alternativos (Pimentel e Patzek, 2005; Mariano *et al.*, 2014).

1.6. Estudo atual

Nos países em desenvolvimento, como a Índia, a maior parte do rendimento das culturas foi reduzida devido à micoflora patogénica e a outras micoflora transmitidas pelas sementes. Os fungos são importantes destruidores de géneros alimentícios e de grãos durante a armazenagem, tornando-os impróprios para consumo humano ao retardarem o seu valor nutritivo e, frequentemente, ao produzirem micotoxinas. Os grãos armazenados para fins de consumo não podem ser tratados com fungicidas, pesticidas e bactericidas devido à resistência desenvolvida pelos agentes patogénicos, à sua natureza não biodegradável e extremamente tóxica. Os principais efeitos secundários são a genotoxicidade, a hepatotoxicidade, a teratogenicidade, os distúrbios reprodutivos e a imunossupressão (Ahmed *et al.*, 2014).

Os agentes patogénicos transmitidos pelas sementes de soja foram registados por muitos investigadores (Cerkauskas e Sinclair, 1980; Sinclair, 1982; Sedghi e Gholi, 2014; Verma e Darpan, 2014). Um levantamento dos fungos transmitidos por sementes associados à cultura da soja cultivada em Karnataka revelou uma elevada percentagem de incidência de *Alternatia alternata, Aspergillus flavus, A. fumigatus, A. niger, A. ochraceus, Cercospora kikuchii, Chaetomium globosum, Cladosporium cladosporioides, Colletotrichum dematium, Curvularia lunata, Fusarium equiseti, F. solani, Macrophomina phaseolina, Nigrospora sphaerica, Phomopsis longicolla, Trichothecium roseum, Trichoderma viridae* e *Verticillium nigrescens* (Krishnamurthy *et al*, 2008; Arias *et al.*, 2013). Muitos destes organismos desenvolveram resistência contra os fungicidas sintéticos que são habitualmente utilizados no campo. Por conseguinte, é necessário procurar novos agentes antifúngicos para medidas de controlo que sejam rentáveis, não tóxicas, amigas do ambiente e que eliminem ou reduzam a incidência destes importantes agentes patogénicos, de modo a evitar a biodeterioração das sementes de soja.

Ao longo da história da humanidade, o reino vegetal teve um rico repositório de medicamentos. Segundo a OMS, mais de 65-80% da população mundial depende da medicina tradicional à base de plantas para os seus cuidados de saúde primários (Macdonald, 2013). Na era moderna, as plantas reflectem a validade de muitas utilizações tradicionais no que diz respeito ao valor dos produtos naturais nos cuidados de saúde. As plantas não podem escapar ou esconder-se quando atacadas por herbívoros e agentes patogénicos. Por conseguinte, a fim de se protegerem contra herbívoros e fitopatógenos, evoluíram para produzir uma grande variedade de metabolitos secundários (Yadav *et al.*, 2014). Estes metabolitos secundários são conhecidos por conterem um potencial antifúngico, antibacteriano, antiviral, antitumoral e citotóxico de largo espetro. As plantas são fontes de fungicidas naturais que constituem excelentes pistas para o desenvolvimento de novos pesticidas (Masih *et al.*, 2014).

CAPÍTULO II

REVISÃO DA LITERATURA

Cromwell (1917) *referiu Fusarium tracheiphilum como o organismo causal de uma praga da soja, Glycine max.* Matsumoto e Tomoyasu (1925) observaram uma mancha púrpura que causou danos consideráveis no Japão. O organismo causal foi isolado de material doente e determinado como uma nova espécie de *Cercospora kikuchii.* Johnson e Koehler (1943) escreveram uma breve nota sobre as doenças da soja nos Estados Unidos, que incluía o míldio da vagem e do caule (*Diaporthe sojae*) [*D. phaseolorum* var. *sojae*], olho de rã (*Cercospora daizu [Cercospora sojina]),* mancha castanha (*Septoria glycines*), antracnose (*Glomerella glycines*), míldio (*Peronospora manshurica*), oídio (*Erysiphe polygon*), mancha foliar (*Alternaria*), clorose por deficiência de potássio, ferro ou azoto. Descolorações das sementes aparentemente associadas a uma espécie de *Cercospora* e *Alternaria*, podridão do carvão (*Macrophomina phaseolina*), ferrugem esclerocial (*Sclerotium rolfsii* [*Athelia rolfsii*]), ferrugem *de Fusarium* (*F. oxysporum*), podridão radicular (*Pythium debaryanum*), podridão radicular *de Rhizoctonia* (*R. solani*), podridão radicular *de Phymatotrichum* (*P. omnivorum*) e ferimentos causados por raios.

A podridão parda do caule da soja em Illinois foi relatada por Allington e Chamberlain (1948), o organismo causal foi nomeado como *Cephalosporium gregatum* [*Phialophora gregata*] *n.sp.* Kurata *et al.* (1960) descreveram as doenças mais graves da cultura da soja no Japão, que incluem manchas foliares devidas *a Phyllosticta sojaecola* e *Ascochyta sojaecola,* cancro da vagem (*Macrophoma mame*), (*Sclerotium rolfsii* [*Athelia rolfsii*] e *Pellicularia filamentosa* [*Corticium solani*]), podridão do caule (*Sclerotinia sclerotiorum*), podridão do carvão (*Macrophomina phaseolina*) e podridão basal do caule (*Ophionectria sojae*). Mais de 20 fungos foram isolados de sementes de soja, muitas vezes sem sintomas visíveis, sendo *Cercospora kikuchii* a micoflora proeminente. Muitas das espécies isoladas causaram doenças pré e pós-emergência nas plântulas.

Kilpatrick (1957) estudou fungos associados a flores, vagens e sementes de soja. *Alternaria* spp. foi o mais comum nas partes florais examinadas, mesmo em flores não abertas, compreendendo 65% do total de isolados; *Cercospora kikuchii* foi o principal fungo obtido de sementes nas vagens (50%). A infeção das sementes, mais baixa antes da maturidade, aumentou gradualmente depois disso, atingindo 66% das variedades amostradas. Kaufmann e Gerdemann (1958) relataram que a podridão da raiz e do caule da soja era causada por *Phytophthora sojae.*

Gangopadhyay *et al.* (1970) investigaram a doença da podridão do carvão causada por *Macrophomina phaseolina* numa semente de soja, transmitida em condições naturais e transmitida à geração seguinte através das sementes. Agarwal *et al.* (1972) afirmaram que o método do mata-borrão provou ser melhor do que o método da placa de ágar para testar fungos transmitidos por sementes em arroz, trigo, grama preta (*Phaseolus mungo*), grama verde (*P. aureus*) e soja. Stahl *et al.* (1973) relataram que a micotoxina T-2 toxina produzida por *Fusarium tricinctum*, inibiu o alongamento de secções de hipocótilo excisadas de Glycine max var. Hawkeye 63 através da inibição da produção de auxina. Ammon *et al.* (1974) estudaram os detalhes ultra-estruturais do tecido radicular de plântulas de soja infectadas com *Macrophomina phaseolina* e indicaram que o fungo parece estar restringido principalmente aos espaços intercelulares e que a penetração da parede celular interior ocorreu como resultado tanto da pressão mecânica como do amolecimento químico.

Gupta e Venkitasubramanian (1975) descreveram os prováveis factores que influenciam a resistência à síntese de aflatoxinas em sementes de soja. A adição de ácido fítico (10 mM) diminui a síntese de aflatoxina por *Aspergillus parasiticus* (NRRL 3240). Donald e Mirocha (1977) desenvolveram um método para medir o grau de invasão fúngica de soja e milho armazenados, utilizando a análise de quitina e glucosamina.

Cerkauskas e Sinclair (1980) utilizaram o Paraquat (dicloreto de 1,1-dimetil-4, 4'-bipriidínio), um herbicida para ajudar a detetar *Phomopsis* spp. e *Colletotrichum dematium* var. *truncate* em sementes de soja. Sinclair (1982) descreveu as doenças infecciosas dos agentes patogénicos das plantas de soja (bactérias, organismos semelhantes a micoplasmas, fungos, vírus e nemátodos) com informações sobre os sintomas, o organismo causal, a epidemiologia e o controlo. Kunwar *et al.* (1986) afirmaram que *M. phaseolina* aparentemente pode penetrar e colonizar sementes de soja sem produzir sintomas, mas posteriormente forma esclerócios em sementes assintomáticas quando as condições são favoráveis à germinação. O exame histológico de sementes de soja sintomáticas mostrou que as hifas e os esclerócios eram ecto- e as hifas endofíticas eram inter- e intracelulares nos tecidos do revestimento da semente, do endosperma e do embrião.

Jordan *et al.* (1986) monitorizaram as doenças da soja em 18 parcelas de soja no norte e em 12 parcelas no sul do Illinois, e relataram que *Aspergillus, Chaetomium* e *Phomopsis* spp. eram mais elevados nas parcelas do norte, enquanto que o número de sementes infectadas por *Alternarla spp*, *Cladosporium* spp., *Colletotrichum* spp., *Fusarium spp.*, *M. phaseolina, Nematospora coryli, Penicillium* spp. e *Cercospora kikuchii* foram mais elevados nas parcelas do sul.

Tsay (1990) relatou o míldio das plântulas causado por *A. flavus*. O lote de sementes de soja infestado com *A. flavus* no campo foi de 61,5% e registou aproximadamente 10^8 propágulos/g de solo. Farias e Griffin (1990) descreveram que *F. oxysporum* e *F. solani* colonizaram a parte superior do hipocótilo, mas a ponta da raiz permaneceu livre dos dois fungos. *F. solani* teve maior porcentagem de colonização do que *F. oxysporum*. Winkler *et al.* (1994) testemunharam o impacto de fungos micorrízicos arbusculares de ocorrência natural no crescimento da soja e sua interação com *Heterodera glycines* foram avaliados em campos infestados e não infestados de nematóides no Kansas. A colonização de raízes de soja por fungos micorrízicos foi negativamente correlacionada com as densidades populacionais de *H. glycines* devido ao antagonismo do nematoide aos fungos micorrízicos e não à supressão das populações de nematóides.

El-Kady e Youssef (1993) recolheram 100 amostras de soja de diferentes locais do Egito e analisaram o crescimento de fungos filamentosos a duas temperaturas de incubação (28 e 45^{0} C). No total, foram isoladas 73 espécies e 8 variedades pertencentes a 32 géneros através do método de diluição em placa. A 28^{0} C, as espécies mais comuns foram *A. flavus, C. Cladosporioides*, etc. Por outro lado, a 45^{0} *C, A. fumigatus* foi a espécie dominante seguida por *Rhizomucor pusillus*. Pitt *et al.* (1994) efectuaram um estudo exaustivo dos fungos que ocorrem em produtos de base na Tailândia, 276 amostras de soja, feijão mungo, arroz e sorgo. Os principais fungos encontrados nos grãos de soja foram *A. flavus* (67% das amostras) e *C. Cladosporioides* (49% das amostras). Os fungos de armazenamento foram mais comuns nos grãos de soja do que nos outros produtos, indicando um armazenamento mais longo e adverso.

Sinclair (1995) enumerou os fungos mais frequentemente envolvidos em danos ou descoloração de sementes de soja, por ordem decrescente de importância*: Phomopsis longicolla, Alternaria* sps. *Nematospora coryli, Fusarium graminearum, Colletotrichum* sps. e *Cercospora kikuchii.* Dhingra *et al.* (1998) inocularam esporos *de Aspergillus ruber* em amostras de sementes de soja e armazenaram-nas durante 20 a 140 dias a 25±1^{0} C com um teor de humidade que variava entre 11,3% e 17,7%. A concentração de ergosterol nas sementes aumentou com o tempo de armazenamento, sendo lenta nas amostras com um teor de humidade de 11,3 a 13,1 por cento e mais rápida nas amostras com humidade mais elevada. O teor de ácidos gordos livres (AGL) também aumentou seguindo o padrão do ergosterol. Sugerindo que a concentração de AGL de um lote de sementes pode ser usada como um indicador sensível da deterioração das sementes devido a fungos de armazenamento.

Khattak *et al.* (1993) descreveram que o método do mata-borrão era um método superior para a deteção de *Cladosporium cladosporioides, Cephalosporium sp., Fusarium moniliforme, F. semitectum* e *Myrothecium verrucaria,* enquanto o método da placa de ágar era preferível para *M. phaseolina.* O'donnell e Gray (1994) relataram a variação genética em 24 isolados de *Fusarium solani* da soja usando dados de sequência de rDNA e marcadores polimórficos de comprimento de fragmentos de restrição. Achenbach *et al.* (1996) utilizaram a análise do ADN polimórfico amplificado aleatoriamente (RAPD) para diferenciar *o Fusarium solani* que provoca a síndroma da morte súbita (SDS) dos que não provocam essa síndroma. A abordagem RAPD revelou-se um método sensível e altamente fiável para identificar os agentes patogénicos fúngicos que causam a SDS da soja.

Roy *et al.* (1997) inocularam artificialmente *Fusarium solani* em plantas de soja em vasos nas parcelas de campo (11, 12, 16, 20-22, 37, 43, 51, 62, 64, 65) e observaram uma redução de 77% na produção de sementes de soja e no número de sementes por planta. Park *et al.* (1999) isolaram cinquenta e dois isolados de espécies de *Fusarium* de sementes de soja de várias partes da Coreia e identificaram-nas como *Fusarium oxysporum, F. moniliforme, F. semitectum, F. solani, F. graminearum* e *F. lateritium.* Estes isolados foram examinados quanto à sua toxicidade num teste de alimentação de ratos. As espécies de *Fusarium* produziram apicidina, um agente antiprotozoário que causou efeitos tóxicos em ratos.

Kishida *et al.* (2000) registaram o efeito da farinha de soja fermentada por *Aspergillus awamori* na letalidade aguda do acetaldeído, no tempo de sono com pentobarbital e no teor de citocromo P450 dos microssomas hepáticos de ratinhos e sugerem que as agliconas de isoflavonóides de soja são indutores mais potentes do citocromo P450 do que os glicosídeos de isoflavonóides. Pacin *et al.* (2003) avaliaram a contaminação fúngica de soja, arroz e milho recém-colhidos em explorações agrícolas do Equador (*América do Sul*) durante 1998. Os fungos mais prevalentes na soja foram *C. cladosporioides, A. flavus e F. graminearum.*

Ahammed *et al.* (2006) registaram a existência de oito espécies de fungos associadas a dez variedades de sementes de soja, que foram estudadas pelos métodos da placa de ágar e do mata-borrão. O método da placa de ágar foi considerado melhor na produção de um número máximo de colónias de fungos do que o método do mata-borrão. Entre os oito fungos testados, *Cladosporium* sps. e *Fusarium* sps. reduziram a percentagem de germinação das sementes, o comprimento dos rebentos e das raízes, seguidos de *Rhizoctonia* sps. e *Alternaria* sps.

Babu *et al.* (2007) desenvolveram primers específicos e sonda de oligonucleotídeos (dentro da região ITS) e posterior avaliação de sua eficiência para identificação e deteção de *M. phaseolina* em condições *in vitro.* Aoki *et al.* (2012) relataram um novo patógeno da síndrome da morte súbita da soja (SDS), *Fusarium crassistipitatum*, da Argentina e do Brasil. O reconhecimento filogenético das espécies foi feito com base na concordância genealógica de um conjunto de dados de seis genes que apoiou fortemente a monofilia recíproca de *F. crassistipitatum* em relação aos outros patógenos da SDS. Ijaz *et al.* (2013) estudaram a resposta de plantas transgénicas de soja e de plantas não transgénicas a dois agentes patogénicos comuns da soja, *nomeadamente M. phaseolina* e *Phytophthora sojae*, e demonstraram a supressão da síntese de isoflavonas. Sato *et al.* (2014) isolaram sete espécies de fungos de brotos estragados de soja. Marcadores de código de barras de DNA foram usados para a identificação das espécies de fungos.

CAPÍTULO III

OBJECTIVOS E METAS

A revisão da literatura revelou que não existia atualmente informação detalhada sobre fungos transmitidos por sementes de soja no estado de Karnataka. Por conseguinte, a necessidade do momento é o rastreio, o isolamento e a identificação de micoflora fitopatogénica e de outras micoflora transmitidas por sementes a partir de amostras de sementes de soja.

3.1 Objetivo do estudo

A presente investigação foi iniciada com os seguintes objectivos

1. Rastreio, isolamento e identificação de fungos fitopatogénicos de amostras de sementes de soja recolhidas em diferentes regiões agro-climáticas de Karnataka.

2. Registar a percentagem de ocorrência de diferentes micoflora em variedades de sementes de soja.

CAPÍTULO VI

MATERIAIS E MÉTODOS

4.1 Recolha de amostras de sementes

Foi recolhido um total de trinta amostras de sementes de soja de diferentes variedades em diferentes regiões agroclimáticas de Karnataka. Estas amostras foram obtidas nos campos dos agricultores, em estações de melhoramento agrícola e em amostras de mercado (quadro 4.1). Foram pesados dois kg de cada amostra de sementes, transferidos para sacos de polietileno esterilizados e armazenados à temperatura ambiente (Sateesh e Bhat, 1999: Sateesh, 1998; Lakshmeesha et al., 2013).

4.2 Técnicas de incubação

A presença ou ausência de fungos transmitidos por sementes foi testada por dois métodos. Os métodos do papel mata-borrão e da placa de ágar foram utilizados para a deteção de fungos transmitidos por sementes.

4.3 um método de papel mata-borrão

Foram cortadas três camadas de papel mata-borrão (9 cm de diâmetro) de acordo com o tamanho da placa de Petri, colocadas no fundo e humedecidas com água destilada estéril (ISTA, 2006). O excesso de água foi drenado e as placas de Petri foram autoclavadas a 121^{0} C durante cerca de 20 min. a 15 psi. Quatrocentas amostras de sementes foram desinfectadas à superfície com solução de hipoclorito de sódio a 1% durante cerca de 2 min. à temperatura ambiente e colocadas 10 sementes por placa de Petri. As placas de Petri foram incubadas durante sete dias a 25±2^{0} C em ciclos alternados de 12 horas de escuridão e 12 horas de luz. Após sete dias de incubação, as sementes foram examinadas ao microscópio estereobinocular para detetar a presença de fungos. Sempre que necessário, o microscópio composto também foi utilizado para confirmar a identificação.

Tabela 4.1. Cultivares de sementes de soja coletadas em diferentes regiões agroclimáticas e fontes.

Número da amostra	Cultivar	Data da colheita	Local de recolha
1.	MAUS-61	2009 (kharif)	GKVK, Bangalore
2.	MACS-118	2009 (kharif)	GKVK, Bangalore
3.	NRC-77	2009 (kharif)	GKVK, Bangalore
4.	AMS-1	2009 (kharif)	GKVK, Bangalore
5.	KHSB-2	2009 (kharif)	GKVK, Bangalore
6.	MAUS-2	2009 (kharif)	GKVK, Bangalore
7.	MACS-450	2009 (kharif)	GKVK, Bangalore
8.	RKS-52	2009 (kharif)	GKVK, Bangalore
9.	JS-335	2009 (kharif)	GKVK, Bangalore
10.	JS-9305	2009 (kharif)	GKVK, Bangalore

11.	KB-79	2009 (kharif)	GKVK, Bangalore
12.	HARDEE	2009 (kharif)	GKVK, Bangalore
13.	MACS-1039	2009 (kharif)	GKVK, Bangalore
14.	BRAGG	2009 (kharif)	GKVK, Bangalore
15.	RKS-18	2009 (kharif)	GKVK, Bangalore
16.	Moneta	2011 (kharif)	GKVK, Bangalore
17.	GPC -79	2011 (kharif)	GKVK, Bangalore
18.	UGM-30	2011 (kharif)	GKVK, Bangalore
19.	MACS-13	2011 (kharif)	GKVK, Bangalore
20.	JS-81-608	2011 (kharif)	GKVK, Bangalore
21.	AGS-17	2011 (kharif)	GKVK, Bangalore
22.	HGS-10	2011 (kharif)	GKVK, Bangalore
23.	RKS-52	2009	GKVK, Bangalore
24.	Mysore (amostra de mercado)	Não conhecido	Mysore
25.	Bangalore (amostra de mercado)	Não conhecido	Bangalore
26.	Belgaum (amostra de mercado)	2009	Belgaum
27.	Shivamoga (amostra de mercado)	Não conhecido	Shivamoga
28.	JS-335	2010 (Kharif)	Tumkur
29.	G-482	2011 (Kharif)	GKVK, Bangalore
30.	G-479	2011 (Kharif)	GKVK, Bangalore

4.2b Método da placa de ágar

No método da placa de ágar, o meio de ágar batata dextrose (PDA) foi preparado com a seguinte composição: ágar-ágar (20 g), batatas descascadas (200 g), dextrose (20 g) e água destilada (1000 ml). Em cada placa de Petri, foram vertidos 20 ml de meio PDA esterilizado e solidificado à temperatura ambiente numa câmara de fluxo laminar. Quatrocentas sementes foram utilizadas para desinfeção da superfície com solução de hipoclorito de sódio a 1% durante cerca de 2 minutos e, em seguida, foram colocadas 10 sementes em cada placa de Petri. As placas foram incubadas a 25 ± 2^{0} C durante sete dias. Após o período de incubação, as placas foram examinadas macroscopicamente e microscopicamente.

4.3 Identificação de fungos transmitidos por sementes de soja

4.3a Identificação morfológica

Após sete dias de incubação, as sementes foram observadas em estereomicroscópio com ampliações de 16X e 25X. Foram preparadas lâminas a partir dos fragmentos miceliais dos fungos e observadas ao microscópio composto a 400X. Os fungos foram detectados pelo seu crescimento e morfologia dos esporos, seguindo as chaves delineadas por Ellis (1971), Sutton (1971), Barnett e Hunter (1972), Nagamani *et al.* (2006), Dugan (2006), Webster e Webber (2007), Ulloa e Hanlin (2012) e Campbell *et al.* (2013). A incidência percentual de diferentes fungos no método do papel mata-borrão (BPM) e no ágar dextrose de batata (PDA) foi registada e a pré-ponderação relativa de *A. flavus, C. cladosporioides, F. equiseti* e *M. phaseolina* foi determinada.

4.3b Caracterização molecular dos isolados fúngicos

4.3b.I Extração de ADN

Os fungos mais frequentemente observados no teste de incubação, tais como *A. flavus, C. cladosporioides, F. equiseti* e *M. phaseolina*, foram selecionados para caraterização molecular. As culturas líquidas dos isolados fúngicos foram preparadas utilizando 50 ml de meio de caldo de dextrose de batata (PDB) (Hi Media, pH 7,3) em frascos Erlenmeyer de 100 ml para obter micélios frescos para extração de ADN. A separação dos micélios foi efectuada por centrifugação a 8.000 rpm a 4° C durante 10 min. Os micélios obtidos foram triturados mecanicamente em azoto líquido.

O ADN genómico foi extraído de 100 mg de micélios fúngicos de acordo com o procedimento descrito por Chowdappa *et al.* (2003). Os micélios esmagados foram incubados a 65° C durante uma hora e posteriormente centrifugados a 10 000 rpm durante 20 min. Ao sobrenadante, foi adicionado fenol-clorofórmio em igual volume e novamente centrifugado a 10.000 rpm durante 30 min. a 4° C. Posteriormente, 5µl de RNase (10mg/ml) foram adicionados ao sobrenadante e incubados a 37° C durante uma hora. Após a incubação, a mistura foi centrifugada novamente a 10.000 rpm durante 15 min. a 4° C. Ao sobrenadante, foi adicionado clorofórmio: álcool isoamílico (25:1) em igual volume. O conteúdo foi centrifugado a 10.000 rpm durante 10 min. Após a centrifugação, foi adicionado isopropanol gelado e incubado a -20° C durante uma hora, sendo depois centrifugado a 10 000 rpm durante 10 minutos. O sedimento foi lavado com álcool a 80%, centrifugado durante 2 minutos e seco ao ar. Em seguida, o sedimento foi dissolvido em 50 µl de tampão TE e armazenado a -20° C.

4.3b.II Quantificação do ADN

A concentração de 1 µl de amostra de ADN foi determinada utilizando o espetrofotómetro NanoDrop ND-1000 (NanoDrop Technologies). Os rácios 260/280 e 260/230 nm foram calculados pelo espetrofotómetro NanoDrop e utilizados para avaliar a pureza do ADN.

4.3b.III Amplificação e sequenciação por PCR

Os iniciadores da reação em cadeia da polimerase (PCR), nomeadamente ITS-1 (5' TCC GTA GGT GAA CCT GCG G 3') e ITS-4 (5' TCC TCCGCT TATTGATAT GC 3'), foram utilizados para amplificar a região do espaçador interno transcrito (ITS) do ADN ribossómico (figura 4.1), que engloba o gene 5.8S e as regiões ITS1 e ITS2 (White *et al.*, 1990). A amplificação por PCR foi realizada em um volume total de 50 µl contendo 1µl de DNA molde, 5µl de tampão de PCR 10X, 40,75 µl de água destilada estéril, 1 µl de dNTPs 2,0 mM, 1µl de cada um dos primers ITS1 e ITS4 de 50 pM e 0,25 µl de Taq polimerase (5U µl-1). As reacções foram realizadas num termociclador de gradiente (Eppendorf,

Alemanha) com as seguintes condições: 3 min. de desnaturação a 95º C, seguidos de 35 ciclos que consistem em desnaturação a 95º C durante 30 seg., 45 seg. de recozimento a 55º C, 1 min. 90 seg. de alongamento a 72º C, durante 34 ciclos com um passo final de alongamento a 72º C durante 10 min.

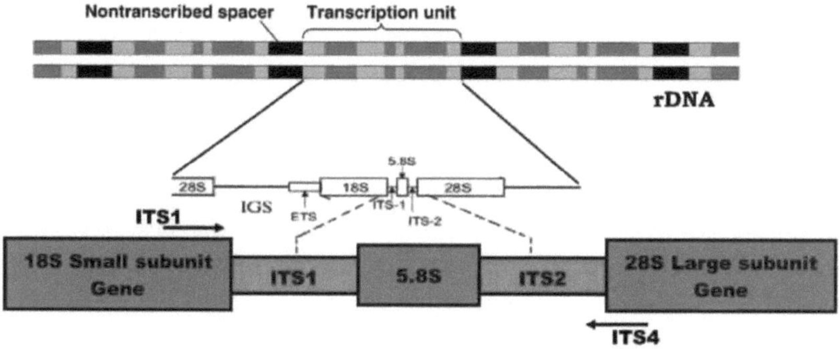

Figura 4.1. Localização dos primers no cluster do gene rDNA fúngico para a amplificação do espaçador transcrito interno (ITS).

4.3b.IV Análise da sequência

A sequenciação do ADN foi efectuada em GeneOmbio Technologies, Pune, Maharashtra, Índia. O resultado da sequência foi utilizado para efetuar uma comparação das sequências de nucleótidos utilizando os serviços da rede Basic Local Alignment Search Tool (BLAST) da base de dados do Centro Nacional de Informação Biotecnológica (NCBI) (http://www.ncbi.nlm.nih.gov) para identificação e diferenciação das espécies de estirpes de fungos. As sequências do complexo de genes ITS1-5.8S-ITS2 dos isolados fúngicos obtidos foram submetidas à base de dados GenBank do NCBI e foram obtidos os números de acesso.

CAPÍTULO V

RESULTADOS E DISCUSSÃO

Os valores de diversidade para a micoflora de sementes de soja variaram entre as cultivares de sementes que foram mostradas na Figura 5.1 (A - P). Um total de 23 espécies diferentes de fungos foi isolado de 30 amostras de sementes testadas, representando 25 cultivares diferentes de soja. Os dados sobre a incidência percentual de fungos identificados e não identificados são apresentados na Tabela 5.1. A preponderância relativa dos fungos que ocorreram com freqüência foi apresentada na Tabela 5.2. Observou-se que todas as variedades de soja examinadas abrigavam diversas espécies de fungos, independentemente das cultivares de sementes e da localização agroclimática. No presente estudo, o método de papel mata-borrão mostrou uma boa diversidade de micoflora em comparação com o método de placa de ágar.

Alternaria alternata foi registada em 25 amostras de sementes e a percentagem de infeção das sementes variou entre 3,75 e 13,75. A porcentagem relativa de ocorrência (RPO) foi de 83,33. *A. alternata* foi associada à redução da germinação de sementes no presente estudo e o resultado está correlacionado com outros trabalhos realizados por Shortt *et al.* (1982), Indra *et al.* (1986) e Broggi *et al.* (2007).

Aspergillus flavus foi observado em 30 amostras de sementes com 6 a 36,5 por cento de infeção de sementes e o RPO foi de 100. *O Aspergillus fumigatus* foi registado em 24 amostras de sementes com 4,5 a 27,5 por cento de infeção e o RPO foi de 80. *Aspergillus niger* foi encontrado em 23 amostras de sementes com 0,75-6,75 por cento de infeção e o RPO foi de 76,66. *Aspergillus ochraceus* foi encontrado em 12 amostras de sementes com 0,5-2,5 por cento de infeção e o RPO foi de 40. A colonização de sementes de soja durante o armazenamento por *A. flavus*, conhecido por produzir micotoxinas, foi relatada por muitos pesquisadores (Hesseltine *et al.*, 1966; Kedia *et al.*, 2014).

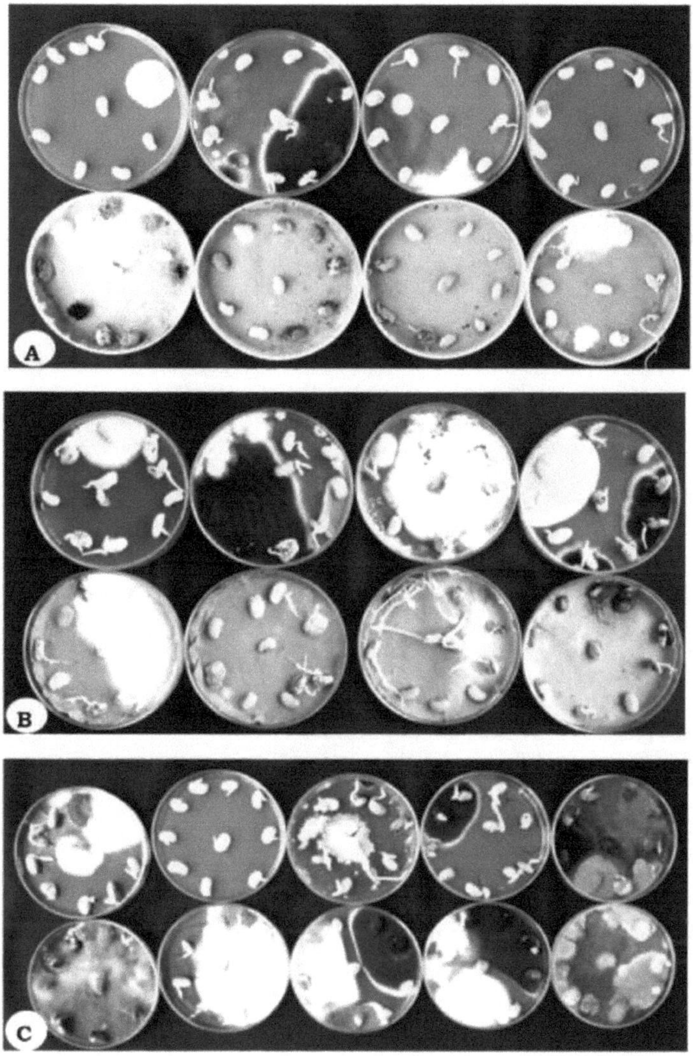

Figura 5.1.A-C. Sementes de soja colonizadas com diversos grupos de espécies de fungos em papel mata-borrão padrão e método de teste de sanidade de sementes em ágar batata.

Figura 5.1.D-F. Sementes de soja colonizadas com diversos grupos de espécies de fungos no método padrão de teste de sanidade de sementes com papel mata-borrão.

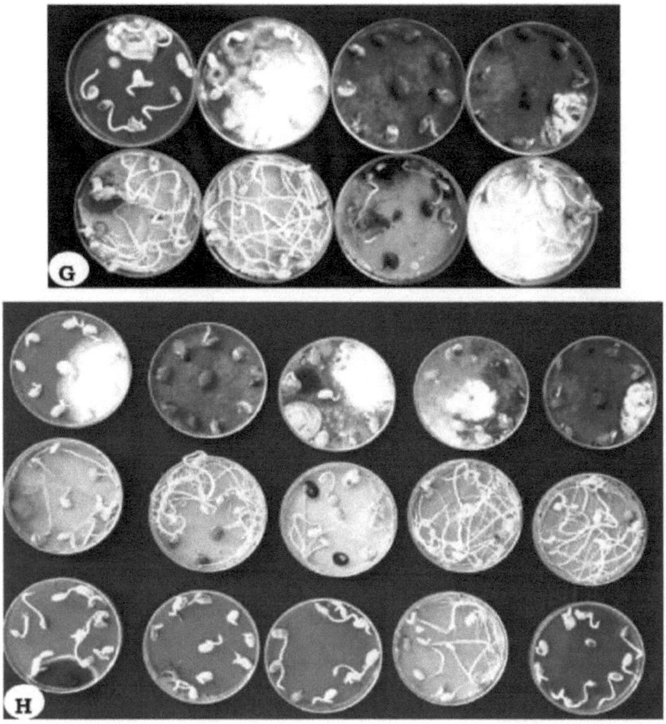

Figura 5.1.G-H. Sementes de soja colonizadas com diversos grupos de espécies de fungos em papel mata-borrão padrão e método de teste de sanidade de sementes em ágar batata.

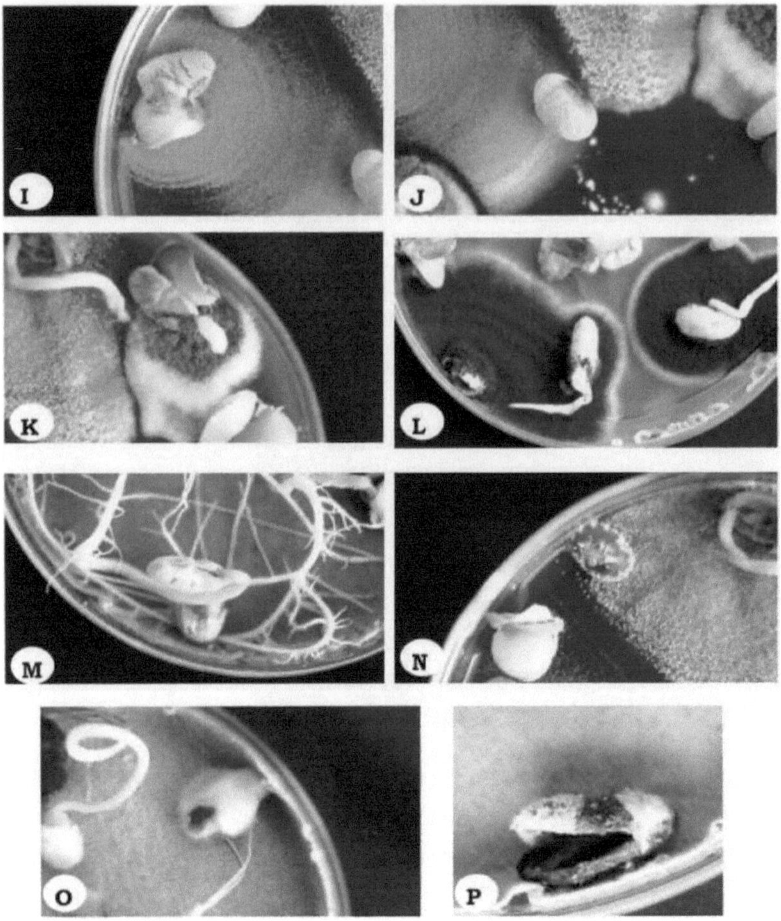

Figura 5.1.I-P. Sementes de soja colonizadas com diversos grupos de espécies de fungos em papel mata-borrão padrão e método de teste de sanidade de sementes em ágar batata.

Cercospora kikuchii ocorreu em seis amostras de sementes com 0,75 - 4,25 por cento de infeção de sementes e RPO foi de 20 por cento. O revestimento das sementes de soja tornou-se púrpura com a presença de *C. kikuchii*. *C. sojina* foi registada apenas em três amostras de sementes com uma percentagem de infeção que variou entre 0,75-2,25 e um RPO de 10. As espécies de *Cercospora* penetram nos tecidos embrionários das sementes e causam necrose das células cotiledonares, o que reduz a germinação das sementes e atrasa a maturidade da cultura (Pathan *et al.*, 1989; Sajeesh *et al.*, 2014).

Chaetomium globosum foi encontrado em 11 amostras de sementes com 1 a 3,75 porcentagem de infeção de sementes e o RPO foi de 36,66. Miller *et al.* (1982) registaram a presença *de C. globosum* em sementes de soja. Aru *et al.* (1997) registaram que *C. globosum* é frequentemente estimulado na presença de *Aspergillus fumigatus*, que excreta compostos como açúcar, fosfatos e ácido fosfoglicérico.

Cladosporium cladosporioides foi encontrado em 30 amostras de sementes com 10,25 a 22,75 de percentagem de infeção e o RPO foi de 100. A perda de germinação foi observada em sementes infectadas com alta porcentagem de *C. cladosporioides. Colletotrichum dematium* ocorreu em 25 amostras de sementes com 6,5 a 18,75 por cento e o RPO foi de 83,33. Shovan *et al.* (2008) descreveram *C. dematium* causando antracnose em mudas de soja. *Curvularia lunata* foi encontrada em 19 amostras de sementes com porcentagem de infeção de 1,5 a 4,25 e RPO 63. Groves e Skolko (1945) relataram a presença de *C. lunata em* sementes de soja e seu efeito na redução da qualidade das sementes. *Drechslera avenae* foi observada em 3 amostras de sementes, com uma taxa de infeção de 1 a 1,5 por cento e um RPO de 10 por cento.

O Fusarium equiseti foi registado em 23 amostras de sementes, com a infeção a variar entre 3,75 e 11% e o RPO foi de 76,66. *O Fusarium oxysporum* foi observado em 26 amostras de sementes, com uma percentagem de infeção das sementes que variou de 5,5 a 28,75 e o RPO foi de 86,66. *F. solani* foi observado em 21 amostras de sementes, com a infeção variando de 7,75 a 22,75 por cento e o RPO foi de 70. Espécies *de Fusarium* têm sido associadas a doenças em todos os estágios de crescimento da planta, causando raiz da semente, murcha, síndrome da morte súbita (SDS) e podridão da raiz (Ellis e Sinclair, 1976).

Macrophomina phaseolina foi registada em 28 amostras de sementes, com uma infeção que variou entre 7,5 e 20 por cento e um RPO de 93,33. *Nigrospora sphaerica* foi registada em 12 sementes, tendo a percentagem de infeção das sementes variado entre 1,75 e 5,75. O RPO foi de 40. *M. phaseolina*, o agente causal da podridão do carvão da soja, está amplamente presente na semente e no solo e é conhecido por causar perdas de rendimento de 30 a 50 por cento (Dhingra e Sinclair. 1973; Yang e Navi, 2005).

A espécie *Phoma* foi registada em 12 amostras de sementes com uma infeção que variou de 6 a 14,5% e o RPO foi de 30. *A Phomopsis Iongicolla* foi registada em 23 amostras de sementes com uma percentagem de infeção de 0,75 a 7,25. O RPO foi de 76,66%. *P. Iongicolla* tem sido relatada como a principal causa da deterioração de sementes *por Phomopsis* (PSD) em soja. Wrather e Koenning (2009) relataram perdas de rendimento de soja de até 0,38 a 0,43 MMT nos Estados Unidos (1996 a 2007) por *P. longicolla.* As sementes infectadas com *Phomopsis* spp. não apresentam sintomas, ficando enrugadas, rachadas, alongadas e frequentemente com um aspeto branco gessado (Hobbs *et al.*, 1985).

Rhizopus spp. foi observado em 25 sementes, com a infeção variando de 4,5 a 14,75 e o

RPO foi de 83,33%. *Trichothecium roseum* foi observado em 17 sementes, com infeção variando de 0,5 a 5,25 por cento e RPO de 56,66. *Trichoderma viridae* foi registado apenas em 2 sementes com uma infeção que variou de 1 a 1,25% e o RPO foi de 0,066. *Verticillium nigrescens* foi registado em apenas uma amostra de sementes com 1,25% de infeção.

Na presente investigação, os fungos transmitidos por sementes de soja (JS 335) mais frequentes, como *A. flavus, C. cladosporioides, F. equiseti* e *M. phaseolina*, foram identificados por sequenciamento de rDNA e a identificação no Genbank foi representada na Tabela 5.3. Os métodos moleculares que envolvem a utilização da região ITS foram estudados por vários trabalhadores para identificar os géneros e espécies de fungos (Zhang *et al.*, 1997; Harrington *et al.*, 2000; Gherbawy e Voigt, 2010; Sun *et al.*, 2013). O diagnóstico de fungos aumentou drasticamente com a introdução de ferramentas moleculares, em particular a PCR. A PCR é a ferramenta de diagnóstico mais sensível e o método rápido existente para a deteção de agentes patogénicos fúngicos. A região ITS foi selecionada como alvo de deteção porque fornece diferenças específicas de espécies adequadas para distinguir fungos estreitamente relacionados. A região ITS inclui as regiões ITS1 e ITS2, separadas pelo gene 5.8S, e situa-se entre os genes 18S (SSU) e 28S (LSU) na unidade de repetição do nrDNA (Martin e Rygiewicz, 2005). Assim, ajuda a confirmar a identidade das espécies dos isolados fúngicos.

O rendimento da soja foi suprimido por fungos transmitidos pelas sementes. O rendimento da soja é fundamental para as margens de lucro dos agricultores, que têm sido inferiores às óptimas, especialmente nos países em desenvolvimento. Nas condições indianas de calor e humidade elevada, os fungos são os microrganismos mais proeminentes que causam a deterioração das sementes, resultando na perda de germinação e viabilidade das mesmas. Wrather *et al.* (2001) apresentaram uma estimativa das perdas por doenças da soja durante a colheita de 1998 em 10 países produtores de soja no mundo (Estados Unidos, Brasil, China, Argentina, Índia, Canadá, Paraguai, Indonésia, Itália e Bolívia). A perda total de rendimento devido a doenças nesses países em 1998 foi de $28,5 \times 10^6$ toneladas, avaliadas em US$ 6,29 bilhões.

A investigação deve centrar-se na gestão das doenças transmitidas pelas sementes que causam grandes perdas durante o armazenamento.

Tabela 5.1. Incidência percentual de micoflora de sementes em cultivares de soja colhidas em diferentes regiões agroclimáticas de Karnataka.

Sl. Não.	Micoflora	MAUS-61		MACS-118		NRC-77		AMS-1		KHSB-2	
		SBM	PDA	SBM	PDA	SBM	PDA	SBM	PDA	SBM	PDA
1	*Alternarla alternate*	3.5	2.75	-	-	5	4.75	-	-	6.75	6
2	***Aspergillus flavus***	13.75	11	23.25	21.5	14.5	13.5	22.25	20	16	12.5
3	*Aspergillus fumigatus*	-	-	20.25	19.75	7.75	7.25	12.5	11	13.5	12.25
4	*Aspergillus niger*	-	-	2.5	2.75	0.75	1	2.25	2	3.75	3
5	*Aspergillus ochraceus*	-	-	-	-	-	-	-	-	-	-
6	*Cercospora kikuchii*	-	-	-	-	-	-	-	-	-	-
7	*C. sojina*	-	-	-	-	-	-	-	-	-	-
8 9	*Chaetomium globosum*	1.5	0.25	-	-	-	-	1.25	0.25	-	-
10	***Cladosporium Cladosporioides***	14.5	14.25	17.5	15	12.25	12.75	21.5	19.25	11.25	10.75
	Colletotrichum dematium	18.75	17	16.25	15.75	-	-	13.25	13.5	15	14
11	*Curvularia lunata*	2	0.5	-	-	3	0.5	-	-	1.5	0.25
12	*Drechslera avenae*	1.5	0.75	-	-	-	-	-	-	-	-
13	*Fusarium equiseti*	7.25	7.5	-	-	8.25	8.5	-	-	5.5	5.25
14	***F. oxysporum***	17.25	16.75	11.25	10.75	17.25	15	11.75	10.25	13	12.75
15	*F. solani*	22.25	20.75	-	-	17.75	16.75	-	-	19.75	18
16	***Macrófomas phaseolina***	12.75	13.5	16.5	15.5	11.5	10.75	18.75	17.25	10.25	9.75
17	*Nigrospora sphaerica*	3	2.5	-	-	-	-	4	3	-	-
18	*Phoma spp.*	-	-	-	-	-	-	12.25	11.75	-	-
19	*Phomopsis longicolla*	2.5	1.75	4	2.75	-	-	2.5	2.25	-	-
20	*Rhizopus spp.*	11.75	11	-	-	5.25	5	7.25	6.75	7	6.75
21	*Trichothecium roseum*	-	-	-	-	1	1.25	-	-	0.75	1
22	*Trichoderma viridae.*	-	-	-	-	-	-	-	-	-	-
23	*Verticillium nigrescens*	-	-	-	-	-	-	-	-	-	-
24	*não identificado*	2.75	1.5	0.5	0.75	1.25	1.5	2	1.75	2.25	1.75

SBM, Standard blotter paper method; PDA, Potato dextrose agar method.

Sl. Não.	Micoflora	MAUS-2		MACS-450		RKS-52		JS-335		JS-9305	
		SBM	**PDA**	**SBM**	**PDA**	**SBM**	**PDA**	**SBM**	**PDA**	**SBM**	**PDA**
1	*Alternarla alternata*	5.75	4	-	-	12.75	11.75	6.75	5	-	-
2	***Aspergillus flavus***	14.25	14	19.5	16.75	9.75	6.75	36.5	32.25	19.25	19
3	*Aspergillus fumigatus*	5.5	5.25	11.5	11	-	-	27.5	25.5	12.25	11.5
4	*Aspergillus niger*	-	-	2.5	2.25	1.75	1.5	1.75	2	-	-
5	*Aspergillus ochraceus*	-	-	0.5	0.75	-	-	1	1.25	1	0.25
6	*Cercospora kikuchii*	-	-	-	-	-	-	1.75	1	-	-
7	*C. sojina*	-	-			-	-			-	-
8	*Chaetomium globosum*	2.25	1	-	-	-	-	-	-	2.25	1.75
9	***Cladosporium Cladosporioides***	13	11.25	10.25	15.5	17.25	16.75	22.75	21.75	16.5	15
10	*Colletotrichum dematium*	15	13.25	17.5	17.75	-	-	18.25	17	13	11.75
11	*Curvularia lunata*	4	2	3.75	1.5	2.25	1.5	-	-	-	-
12	*Drechslera avenae*	-	-	-	-	-	-	-	-	-	-
13	*Fusarium equiseti*	9	8.25	-	-	10.5	9.5	7.75	7.25	3.75	3
14	***F. oxysporum***	15	14.75	-	-	22.75	20.25	9.25	7.75	13	11.25
15	*F. solani*	-	-	16	14	16	14.25	-	-	17.75	16
16	***Macrófomas phaseolina***	12.25	11	12.5	11.75	-	-	19	18	15.25	15
17	*Nigrospora sphaerica*	2	1.25	3.5	2.25	3.5	1.25	-	-	-	-
18	*Phoma spp.*	9.75	8.5	-	-	-	-	14.5	13.25	-	-
19	*Phomopsis longicolla*	5.25	3.75	-	-	7	6	7.25	5.5	-	-
20	*Rhizopus spp.*	-	-	9.75	9	10	9.25	4.5	4	-	-
21	*Trichothecium roseum*	-	-	1	1	5.25	5.5	4.75	3.75	1.75	1.5
22	*Trichoderma viridae.*	-	-	-	-	-	-	1	0.75	-	-
23	*Verticillium nigrescens*	-	-	-	-	-	-	1.25	0.25	-	-
24	*Não identificado*	1.75	2.0	1.75	1.25	1.25	0.75	2.5	1.25	3.0	1.75

SBM, Standard blotter paper method; PDA, Potato dextrose agar method.

Sl. Não.	Micoflora	KB-79		HARDEE		MACS-1039		BRAGG		RKS-18	
		SBM	PDA	SBM	PDA	SBM	PDA	SBM	PDA	SBM	PDA
1	*Alternaria alternata*	12	11	7.5	7	6	5	6.75	6.25	6.5	7.5
2	***Aspergillus flavus***	6	4	23.5	18.25	18	17.25	27.5	23.25	33	31.75
3	*Aspergillus fumigatus*	4.5	3.75	-	-	13.25	12	16.75	15	21.5	19.75
4	*Aspergillus niger*	1.25	1.5	1.5	1.75	2.25	1.75	4	3.75	-	-
5	*Aspergillus ochraceus*	-	-	-	-	-	-	-	-	1.75	1
6	*Cercospora kikuchii*	0.75	0.25	-	-	-	-	-	-	-	-
7	*C. sojina*	-	-	-	-	-	-	-	-	-	-
8	*Chaetomium globosum*	-	-	3.5	2.25	-	-	3.75	2.5	-	-
9	***Cladosporium Cladosporioides***	21.25	19.5	17	16	14.25	13	19.5	18.25	22.75	21
10	*Colletotrichum dematium*	14.25	14	9.75	8.25	6.5	6.25	7.75	7	17.25	16.75
11	*Curvularia lunata*	-	-	2.25	0.75	3	1	3	0.75	-	-
12	*Drechslera avenae*	-	-	-	-	-	-	-	-	-	-
13	*Fusarium equiseti*	-	-	6.25	6	6.5	5	8.5	8.25	-	-
14	***F. oxysporum***	26.5	24.75	12	11	10.75	9.75	8.5	8.25	8.5	7
15	*F. solani*	-	-	17.75	16.5	25.5	23	-	-	14.5	14
16	***Macrophomina phaseolina***	11.5	10.75	14.5	14	-	-	16.25	14.25	20	19
17	*Nigrospora sphaerica*	-	-	-	-	-	-	-	-	5.75	3.25
18	*Phoma spp.*	10.25	10	-	-	10	9.5	-	-	-	-
19	*Phomopsis longicolla*	3.25	3	3.25	2.75	4	3.25	7	5.75	-	-
20	*Rhizopus spp.*	8.75	7.75	6	5.5	8.5	8	4.75	4	6.25	5.5
21	*Trichothecium roseum*	-	-	-	-	-	-	2.75	3	-	-
22	*Trichoderma viridae.*	-	-	-	-	-	-	-	-	-	-
23	*Verticillium nigrescens*	-	-	-	-	-	-	-	-	-	-
24	*Não identificado*	2.5	2.0	1.75	1.5	0.75	1	3.0	2.25	1.75	1.25

SBM, Standard blotter paper method; PDA, Potato dextrose agar method;

Sl. Não.	Micoflora	Moneta		GPC -79		UGM-30		MACS -13		JS-81-608	
		SBM	**PDA**	**SBM**	**PDA**	**SBM**	**PDA**	**SBM**	**PDA**	**SBM**	**PDA**
1	*Alternaria alternata*	7.25	7	9.75	9.25	7	6.5	-	-	5.5	5.25
2	***Aspergillus flavus***	26	24.25	8.75	7	9	7	14	13.5	14.75	14.25
3	*Aspergillus fumigatus*	-	-	6.75	6	-	-	11.75	11	10.25	9.25
4	*Aspergillus niger*	2.5	2.75	6.75	6.25	5.25	5	3.25	3	4.75	4.5
5	*Aspergillus ochraceus*	1	0.25	-	-	-	-	2.5	2.25	-	-
6	*Cercospora kikuchii*	-	-	-	-	4.25	3	-	-	-	-
7	*C. sojina*	2.25	0.75	-	-	-	-			-	-
8	*Chaetomium globosum*	2.25	1	2.5	0.75	1	0.25	2	1.25	-	-
Q 9	***Cladosporium Cladosporioides***	21.25	20.25	16.75	14.5	20.25	17.75	11.75	10.5	12.25	11.75
10	*Colletotrichum dematium*	18.75	18	14.5	12	-	-	14	12.75	11.75	10.25
11	*Curvularia lunata*	1.75	0.25	4	2.75	3	1	-	-	-	-
12	*Drechslera avenae*	-	-	-	-	2	1.25	-	-	-	-
13	*Fusarium equiseti*	7.75	6	8.5	8.25	-	-	9.75	9.25	10.5	10
14	***F. oxysporum***	11.25	11	26.5	24.75	26	25.25	-	-	25.25	24.5
15	*F. solani*	15.5	14.5	16.75	16	-	-	12.75	12.25	14.5	13.75
1ñ 16	***Macrófomas phaseolina***	18.75	17	14.25	12	16	14.25	9	8.25	11.25	10.75
17	*Nigrospora sphaerica*	-	-	2.75	1.25	2.75	1	-	-	2	1.75
18	*Phoma spp.*	-	-	-	-	-	-	-	-	8.25	7.5
19	*Phomopsis longicolla*	2.25	1	2	1.5	-	-	0.75	0.25	4.5	3.75
20	*Rhizopus spp.*	-	-	12.5	12.75	11.5	11	9.25	8.75	7.25	7
21	*Trichothecium roseum*	2	2	1.75	2	3.25	3.5	2.5	2.75	-	-
22	*Trichoderma viridae.*	-	-	-	-	1.25	0.75	-	-	-	-
23	*Verticillium nigrescens*	-	-	-	-	-	-	-	-	-	-
24	*Não identificado*	1.5	1.25	3.0	2.75	1.25	1.0	2.0	1.75	1.25	1.0

SBM, Standard blotter paper method; PDA, Potato dextrose agar method.

Sl. Não.	Micoflora	AGS- 17		HGS- 10		RKS-52		Mysore (MS)		Bangalore (MS)	
		SBM	PDA	SBM	PDA	SBM	PDA	SBM	PDA	SBM	PDA
1	*Alternarla alternata*	3.75	3.5	6.75	6.5	4.5	4.25	12	11	13.75	13.5
2	***Aspergillus flavus***	10.75	10.25	15.75	12	28.25	26.25	6.5	6	17.5	15.75
3	*Aspergillus fumigatus*	12.25	12	17.5	16.5	7.75	7.25	5.5	5.25	12.25	11.75
4	*Aspergillus niger*	3.25	3	0.75	0.5	0.75	0.25	2.5	2.25	3.5	2.75
5	*Aspergillus ochraceus*	1.75	1.75	1.5	1	-	-	-	-	-	-
6	*Cercospora kikuchii*	-	-	-	-	2.25	1.75	-	-	-	-
7	*C. sojina*	-	-	1.25	1	-	-	-	-	0.75	0.25
8	*Chaetomium globosum*	-	-	-	-	-	-	-	-	-	-
Q 9	***Cladosporium cladosporioides***	13	11.75	15	11.75	10.25	10	11.75	11	16.75	15
10	*Colletotrichum dematium*	-	-	7.75	7.5	8	7.25	13.5	12	18.75	16
11	*Curvularia lunata*	-	-	2.75	1.25	3	1	2.75	0.5	-	-
12	*Drechslera avenae*	-	-	-	-	-	-	-	-	1	0.25
13	*Fusarium equiseti*	7.75	7.25	7.75	5.5	-	-	9.75	7.75	11	9.75
14	***F. oxysporum***	27.5	26	8.25	6.75	5.5	5.25	28.75	27.5	-	-
15	*F. solani*	-	-	9.75	9	16.5	14.25	15	13	15.75	15
1 fi 16	***Macrofomina phaseolina***	11.5	11	12.25	11.5	7.5	5.25	14.5	13.75	14	12
17	*Nigrospora sphaerica*	-	-	1.75	0.75	-	-	5	3.25	-	-
18	*Phoma spp.*	6.5	5.25	-	-	-	-	-	-	-	-
19	*Phomopsis longicolla*	-	-	2	2.75	3.5	3	6.25	5	7.25	6.75
20	*Rhizopus spp.*	6.75	6.25	5.25	4.75	-	-	14.75	12.25	13.75	11.75
21	*Trichothecium roseum*	1.75	1.5	-	-	2.5	2.75	2	2.75	-	-
22	*Trichoderma viridae.*	-	-	-	-	-	-	-	-	-	-
23	*Verticillium nigrescens*	-	-	-	-	-	-	-	-	-	-
24	*Não identificado*	0.75	0.25	2.25	1.75	1.0	0.75	0.75	0.75	1.5	1.25

SBM, Standard blotter paper method; PDA, Potato dextrose agar method, (MS) Market sample.

Sl. Não.	Micoflora	Belgaum (MS)		Shivamoga (MS)		JS-335		G-482		G-479	
		SBM	PDA	SBM	PDA	SBM	PDA	SBM	PDA	SBM	PDA
1	*Alternarla alternata*	10.75	10	3.75	3.5	6.25	5.5	8.5	8	7.5	7.25
2	***Aspergillus flavus***	11.75	11	21.25	20.5	23.25	23	19.75	16	18.25	17.5
3	*Aspergillus fumigatus*	6.25	6	9.25	9	-	-	10.5	10.25	12.25	11.75
4	*Aspergillus niger*	-	-	3.75	3	-	-	-	-	2.5	2.25
5	*Aspergillus ochraceus*	-	-	0.5	0.75	1.5	1	1.25	1	1.25	0.75
6	*Cercospora kikuchii*	3.75	3	-	-	-	-	1.25	0.25	-	-
7	*C. sojina*	-	-	-	-	-	-	-	-	-	-
8	*Chaetomium globosum*	-	-	-	-	1.25	0.25	-	-	-	-
Q	***Cladosporium***										
9	***Cladosporioides***	10.25	10	16.25	15.25	21.75	21.5	11.75	10.75	14.75	14.5
10	*Colletotrichum dematium*	16	15.5	-	-	8.5	8.25	15.5	14.75	16.75	16
11	*Curvularia lunata*	3	1.75	4.25	3.25	4.25	2.5	-	-	3.25	3
12	*Drechslera avenae*	-	-	-	-	-	-	-	-	-	-
13	*Fusarium equiseti*	6.75	6	4.25	4	5.5	5.75	7	6.25	9.75	9.25
14	***F. oxysporum***	20	19	12.5	11.5	15.75	15.25	10.25	10	-	-
15	*F. solani*	16	14.75	-	-	7.75	7	13.25	12.5	13.25	13
1 fi	***Macrofomina***										
16	***phaseolina***	8.75	8.25	15.25	13	17.75	16.75	10.75	9.75	10	9.25
17	*Nigrospora sphaerica*	-	-	-	-	-	-	-	-	2.5	1.25
18	*Phoma spp.*	-	-	6.75	5.25	6	5.25	-	-	-	-
19	*Phomopsis longicolla*	4	3	2.25	2	2.25	1.75	3.75	2.25	4.75	4
20	*Rhizopus spp.*	10.75	10	7	6	9.25	9	8	7.75	6.25	6
21	*Trichothecium roseum*	0.5	1	1.75	1.5	-	-	-	-	2	1.75
22	*Trichoderma viridae.*	-	-	-	-	-	-	-	-	-	-
23	*Verticillium nigrescens*	-	-	-	-	-	-	-	-	-	-
24	*Não identificado*	1.5	1.25	0.75	1.0	2.25	3	2.5	2.25	2.75	1.25

SBM, Standard blotter paper method; PDA, Potato dextrose agar method. (MS) Amostra de mercado.

Tabela 5.2. Preponderância relativa de fungos transmitidos por sementes de soja.

Sl. Não.	Micoflora	Percentagem de incidência				Número de amostras de sementes infectadas
		0.1-10	10.1-20	20.1-30	30 e mais	
1	*Alternaria alternata*	20	5	-	-	25
2	***Aspergillus flavus***	5	15	8	2	30
3	*Aspergillus fumigatus*	8	13	3	-	24
4	*Aspergillus niger*	23	-	-	-	23
5	*Aspergillus ochraceus*	12	-	-	-	12
6	*Cercospora kikuchii*	6	-	-	-	6
7	*C. sojina*	3	-	-	-	3
8	*Chaetomium globosum*	11	-	-	-	11
9	***Cladosporium cladosporioides***	-	23	7	-	30
10	*Colletotrichum dematium*	6	19	-	-	25
11	*Curvularia lunata*	19	-	-	-	19
12	*Drechslera avenae*	3	-	-	-	3
13	*Fusarium equiseti*	20	3	-	-	23
14	*F. oxysporum*	5	14	7	-	26
15	*F. solani*	2	17	2	-	21
16	***Macrófomas phaseolina***	4	24	-	-	28
17	*Nigrospora sphaerica*	12	-	-	-	12
18	*Phoma spp.*	6	3	-	-	9
19	*Phomopsis longicolla*	23	-	-	-	23
20	*Rhizopus spp.*	19	6	-	-	25
21	*Trichothecium roseum*	17	-	-	-	17
22	*Trichoderma viridae*	2	-	-	-	2
23	*Verticillum nigrescens*	1	-	-	-	1

Tabela 5.3. Números de acesso GenBank para as sequências (rDNA) de isolados de fungos transmitidos por sementes de soja.

Sl. Não.	Organismo	Número de acesso ao GenBank
1	*A. flavus*	KM921743
2	*C. Cladosporioides*	KF849291
3	*F. oxysporum*	KM921744
4	*M. phaseolina*	KJ567077

As sementes de plantas cultivadas são a base da agricultura. A tecnologia actualizou grande parte das operações diárias da agricultura, mas sem um fornecimento constante de sementes de alta qualidade, o rendimento e a qualidade das colheitas diminuiriam consideravelmente. Conseguir e manter uma elevada qualidade das sementes é o objetivo de qualquer profissional da produção de sementes. Muitas das sementes das culturas são armazenadas durante um certo período de tempo. Durante esse período, as sementes podem deteriorar-se consideravelmente e afetar a qualidade das culturas e dos alimentos. Por conseguinte, o conhecimento da micoflora que afecta a qualidade das sementes ajudará à sua gestão e a uma melhor produção de sementes de soja.

REFERÊNCIA

Achenbach, L. A., Patrick, J. e Gray, L. 1996. Uso de marcadores RAPD como ferramenta de diagnóstico para a identificação de isolados *de Fusarium solani* que causam a síndrome da morte súbita da soja. ***Plant Disease***, *80*(11), 1228-1232.

Agarwal, D. K., Billore, S. D., Sharma, A. N., Dupare, B. U. e Srivastava, S. K. 2013. Soja: Introdução, melhoria e utilização na Índia - Problemas e Perspectivas. ***Agricultural Research***, *2*(4), 293-300.

Agarwal, P. K. e Singh, O. P. 2014. An economic analysis of soybean cultivation in Narsinghpur district of Madhya Pradesh, India [Uma análise económica da cultura da soja no distrito de Narsinghpur de Madhya Pradesh, Índia]. ***Indian Journal of Agricultural Research***,*48*(3), 185-191.

Agarwal, V. K., Mathur, S. B. e Neergaard, P. 1972. Some aspects of seed health testing with respect to seed-borne fungi of rice, wheat, black gram, green gram and soybean grown in India. ***Indian Phytopathology***, *25*(1), 91-100.

Ahammed, S. K., Anandam, R. J., Babu, G. P., Munikrishnaiah, M. e Gopal, K. 2006. Studies on seed mycoflora of soybean and its effect on seed and seedling quality characters. ***Legume Research***, *29*(3), 186-190.

Ahmed, M., Khaleeq, A. e Ahmad, S. 2014. Atividade antioxidante e antifúngica de extratos aquosos e orgânicos de alcaçuz. ***Revista Mundial de Ciências Aplicadas***, *30*(11), 1664-1667.

Alexandratos, N. e J. Bruinsma. 2012. A agricultura mundial rumo a 2030/2050: a revisão de 2012. Documento de trabalho da ESA n.º 12-03. FAO, Roma, Itália.

Allington, W. B. e Chamberlain, D. W. 1948. Brown stem rot of soybean. ***Phytopathology***, *38*(10), 793-802.

Ammon, V., Wyllie, T. D. e Brown Jr, M. F. 1974. Uma investigação ultra-estrutural de alterações patológicas induzidas por *Macrophomina phaseolina* (Tassi) Goid em plântulas de soja, *Glycine max* (L.) Merrill. ***Patologia Fisiológica de Plantas***, *4* (1), 1-4.

Aoki, T., Scandiani, M. M. e O'Donnell, K. 2012. Caracterização fenotípica, filogenética molecular e patogenética de *Fusarium Crassistipitatumsp. nov.*, um novo patógeno da síndrome da morte súbita da soja da Argentina e do Brasil. ***Mycoscience***, *53*(3), 167-186.

Aparicio, M. I., Cuenca, R. A., Suarez, V. M. J. e Revilla, Z. M. A. 2008. Soja, uma fonte promissora para a saúde. ***Nutricion Hospitalaria***, *23*(4), 305.

Arias, M. M. D., Leandro, L. F. e Munkvold, G. P. 2013. Agressividade de espécies de *Fusarium* e impacto da infeção radicular no crescimento e rendimento da soja.

Phytopathology, *103*(8), 822-832.

Aru, A., Munk-Nielsen, L. e Federspiel, B. H. 1997. O fungo do solo *Chaetomium* nos seios paranasais humanos. ***European Archives of Oto-Rhino-Laryngology***, *254*(7), 350-352.

Asif, M. e Acharya, M. 2013. Fitoquímicos e benefícios nutricionais para a saúde da planta de soja. ***Jornal Internacional de Nutrição, Farmacologia, Doenças Neurológicas***, 3(1), 64-73.

Babu, B. K., Saxena, A. K., Srivastava, A. K. e Arora, D. K. 2007. Identification and detection of *Macrophomina phaseolina* by using species-specific oligonucleotide primers and probe. ***Mycologia***, *99*(6), 797-803.

Barnett, H. L. e Hunter, B. 1972. Illustrated genera of imperfect fungi, third edition. American Phytopathological Society, EUA.

Bazzano, L. A., He, J., Ogden, L. G., Loria, C., Vupputuri, S., Myers, L. e Whelton, P. K. 2001. Legume consumption and risk of coronary heart disease in US men and women: NHANES I Epidemiologic follow-up study. ***Archives of Internal Medicine***, *161(21)*, 2573-2578.

Bouchenak, M. e Lamri-Senhadji, M. 2013. Qualidade nutricional das leguminosas e seu papel na prevenção do risco cardiometabólico: uma revisão. ***Jornal de Alimentos Medicinais***, *16*(3), 185-198.

Bouregaa, T. e Fenni, M. 2014. Avaliação das mudanças inter-sazonais de temperatura e precipitação sob o aquecimento global na região das planícies altas de Setif, vulnerabilidade e adaptação. ***Revista Mundial de Ciência, Tecnologia e Desenvolvimento Sustentável***, *11* (4).

Britto, J. 2013. Benefícios do grão de soja. ***O Jornal de Tendências de Enfermagem***, *4*(3), 3740.

Broggi, L. E., Gonzalez, H. H. L., Resnik, S. L. e Pacin, A. 2007. Prevalência de *Alternaria alternata* em grãos de cereais e sementes de soja de Entre Rios, Argentina. ***Revista Latino-Americana de Micologia,*** *24*(1), 47-53.

Campbell, O. K., Johnson, E. M. e Warnock, D. W. 2013. Identificação de fungos patogénicos. 2nd Edn. Wiley Blackwell, Reino Unido.

Cerkauskas, R. F. e Sinclair, J. B. 1980. Utilização de paraquat para auxiliar a deteção de fungos em tecidos de soja. ***Phytopathology***, *70*(11), 1036-1038.

Cerkauskas, R. F. e Sinclair, J. B. 1980. Utilização de paraquat para ajudar na deteção de fungos em tecidos de soja. ***Phytopathology***, *70*(11), 1036-1038.

Chowdappa, P., Brayford, D., Smith, J. e Flood, J. 2003. Molecular discrimination of *Phytophthora* isolates on cocoa and their relationship with coconut, black pepper and bell pepper isolates based on rDNA repeat and AFLP fingerprints. ***Current Science***, *84*(9), 1235-1238.

Cooke, G. W. 1975. Sources of protein for people and livestock; the amounts now available and future prospects. In Proceding 11th Colloquium of the International Potash Institute held in Bornholm, Denmark: 29-51.

Cromwell, R. 0. 1917. *Fusarium blightor wilt disease of the soybean.* ***Journal of Investigação Agrícola****, 8: 421-439.*

Delwiche, C. C. 1978. Legumes - passado, presente e futuro ***Bioscience***, *28*(9), 565570.

Deshpande, A. 2014. Uma revisão sobre a pré-colheita de pragas da cultura da soja e técnicas de deteção. ***Revista Internacional de Pesquisa Avançada em Ciência da Computação e Estudos de Gestão***, *2*(2): 404-11.

Deshpande, S. D., Bal, S., e Ojha, T. P. 1993. Physical properties of soybean. ***Journal of Agricultural Engineering Research***, *56*(2), 89-98.

Dhingra, O. D. e Sinclair, J. B. 1973. Location of *Macrophomina phaseoli* on soybean plants related to culture characteristics and virulence. ***Phytopathology***, *63*(7), 934-936.

Dhingra, O. D., Jham, G. e Napoleão, I. T. (1998). Acumulação de ergosterol e alterações na qualidade do óleo em soja armazenada invadida por *Aspergillus ruber* (grupo *A. glaucus*). ***Mycopathologia***, 143(2), 85-91.

Dohlman, E. N., Persaud, S. e Landes, R. 2003. India's edible oil sector: As importações satisfazem a procura crescente. Serviço de Investigação Económica, Departamento de Agricultura dos EUA. Washington D. C., Estados Unidos da América.

Donald, W. W., e Mirocha, C. J. 1977. Chitin as a measure of fungal growth in soured corn and soybean seed. ***Cereal Chemistry***, *54*(3), 466-474.

Dugan, F. M. 2006. The identification of Fungi: An illustrated introduction with keys, glossary and guide to literature. The American Phytopathological Society, St. Paul, Minnesota, Estados Unidos da América.

El-Kady, I. A. e Youssef, M. S. 1993. Pesquisa de micoflora e micotoxinas em sementes de soja egípcias. ***Journal of Basic Microbiology***, *33*(6), 371-378.

Ellis, M. A. e Sinclair, J. B. 1976. Efeito de sprays de campo de benomyl em fungos de origem interna , germinação e emergência de soja colhida tardiamente sementes. ***Phytopathology***, *66*(5), 680-682.

Ellis, M. B. 1971. Dematiaceous Hyphomycetes. Commonwealth Mycological Instituto, Kew, Surrey, Inglaterra.

Evenson, R. E. e Rosegrant, M. W. 1998. Agricultural research and productivity growth in India (Vol. 109). International Food Policy Research Instute. Washington, DC, Estados Unidos da América.

Farias, G. M. e Griffin, G. J. 1990. Extensão e padrão da colonização inicial de plântulas de soja por *Fusarium oxysporum* e *F. solani* em solo naturalmente infestado. ***Plant and Soil***, *123*(1), 59-65.

Friedman, M. e Brandon, D. L. 2001. Nutritional and health benefits of soy proteins (Benefícios nutricionais e para a saúde das proteínas de soja). ***Journal of Agricultural and Food Chemistry***, 49(3), 1069-1086.

Gangopadhyay, S., Wyllie, T. D. e Luedders, V. D. 1970. Charcoal rot disease of soybean transmitted by seeds. ***Plant Disease Reporter***, *54*(10), 1088-1091.

Gherbawy, Y. e Voigt, K. 2010. Identificação molecular de fungos. Springer. Nova Iorque.

Groves, J. W. e Skolko, A. T. 1945. Notes on seed-borne fungi: III. *Curvularia*. ***Canadian Journal of Research***, *23*(3), 94-104.

Gupta, S. K. e Venkitasubramanian, T. A. 1975. Production of aflatoxin on soybeans. ***Applied Microbiology***, *29*(6), 834-836.

Harrington, T. C., Steimel, J., Workneh, F. e Yang, X. B. 2000. Identificação molecular de fungos associados à descoloração vascular da soja no centro-norte dos Estados Unidos. ***Plant Disease***, *84*(1), 83-89.

Hesseltine, C. W., Shotwell, O. L., Ellis, J. J. e Stubblefield, R. D. 1966. Aflatoxin formation by *Aspergillus flavus*. ***Bacteriological Reviews***, *30*(4), 795-802.

Hobbs, T. W., Schmitthenner, A. F. e Kuter, G. A. 1985. Uma nova espécie de *Phomopsis* da soja. ***Mycologia***, 535-544.

Hymowitz, T. 1969. The soybeans of the Kumaon Hills of India. ***Economic Botany***, *23*(1), 50-54.

Ijaz, S., Sadaqat, H. A. e Khan, M. N. 2013. Uma revisão do impacto da podridão do carvão (*Macrophomina phaseolina*) no girassol. ***The Journal of Agricultural Science***, *151* (02), 222-227.

Indra, K. K., Manandhar, J. B. e Sinclair, B. 1986. Histopatologia de sementes de soja infectadas com *Alternaria alternata*. ***Phytopathology***, 76(5), 543-546.

Instituto Internacional de Investigação sobre Políticas Alimentares (IFPRI). Índice Global da Fome 2014 - O desafio da fome oculta. Welthungerhilfe, IFPRI, e Concern Worldwide. Bona, Washington D. C., Dublin.

Associação Internacional de Ensaios de Sementes (ISTA). 2006. International rules for seed testing seed science technology. Bassersdorf, Suíça.

Jiang, S., Cai, W. e Xu, B. 2013. Melhoria da qualidade alimentar do leite de soja feito a partir de grãos de soja germinados a curto prazo. ***Foods***, 2(2), 198-212.

Johnson, H. W. e Koehler, B. 1943. Soybean diseases and their control. Farmers' Bulletin. Departamento de Agricultura dos EUA.

Kaufmann, M. J. e Gerdemann, J. W. 1958. Root and stem rot of soybean caused by *Phytophthora sojae* n. sp. ***Phytopathology***, *48*(4), 201-208.

Kedia, A., Prakash, B., Mishra, P. K. e Dubey, N. K. 2014. Propriedades antifúngicas e antiaflatoxigénicas do óleo essencial de sementes de *Cuminum cyminum* (L.) e a sua eficácia como conservante em produtos armazenados. ***Jornal Internacional de Microbiologia Alimentar***, *168*, 1-7.

Khan, N., Kazmi, R. H., Willems, L. A., Van Heusden, A. W., Ligterink, W. e Hilhorst, H. W. 2012. Explorando a variação natural para caraterísticas de mudas e sua ligação com as dimensões das sementes em tomate. ***PLOS one***, *7*(8), e43991.

Khattak, I., Hussain, S., Ali, A. e Shah, S. J. A. 1993. Eficácia de vários métodos empregues para o estudo da microflora de sementes de soja. ***Sarhad Journal of Agriculture***, *9*(1), 45-48.

Khush, G. S. 2001. Challenges for meeting the global food and nutrient needs in the new millennium. ***Actas da Sociedade de Nutrição***, 60(01), 15-26.

Kikuchi, K. 1999. Utilização de farinha de soja desengordurada como substituto da farinha de peixe em dietas para a solha-das-pedras-japonesa *Paralichthys olivaceus*. ***Aquaculture***, 179(1), 3-11.

Kilpatrick, K. 1957. Fungi associated with the flowers, pods, and seeds of soybeans. ***Phytopathology***, *47*(3), 131-135.

Kishida, T., Ataki, H., Takebe, M. e Ebihara, K. 2000. A farinha de soja fermentada por *Aspergillus awamori* aumenta o teor de citocromo P-450 dos microssomas hepáticos de ratos. ***Journal of Agricultural and Food Chemistry***, *48*(4), 1367-1372.

Krishnamurthy, Y. L., Shashikala, J. e Shankar Naik, B. 2008. Potencial antifúngico de alguns produtos naturais contra *Aspergillus flavus* em sementes de soja durante o armazenamento. ***Journal of Stored Products Research***, *44*(4), 305-309.

Kurata, H. 1960. Estudos sobre as doenças fúngicas da soja no Japão. ***Boletim do Instituto Nacional de Ciências Agrícolas***. *12*, 1-154.

Lakshmeesha TR, Sateesh MK, Vedashree S e Mohammad Shafi Sofi. 2013. Atividade antifúngica de algumas plantas medicinais em *Macrophomina phaseolina* suportada por sementes de soja. ***Jornal de Ciências Farmacêuticas Aplicadas***, 3 (02): 084-087.

Li, S., Wei, Y., Fang, Y., Zhang, W. e Zhang, B. 2014. Estudo DSC sobre as propriedades térmicas da proteína isolada de soja/mistura de amido de milho. ***Jornal de Análise Térmica e Calorimetria***, *115*(2), 1633-1638.

Macdonald, J. J. 2013. Cuidados de saúde primários: a medicina no seu lugar. Routledge, Estados Unidos da América.

Mariano, G. C., Lopes, T. J., Dias, R., Quadri, M. B. e Bolzan, A. 2014. Produção de biodiesel com semente de soja e etanol supercrítico. ***Revista de Sistemas Sustentáveis de Bioenergia***, *4*(02), 128-135.

Martin, K. J. e Rygiewicz, P. T. 2005. Primers PCR específicos para fungos desenvolvidos para análise da região ITS de extractos de ADN ambientais. ***BMC Microbiology***, *5*(1), 28-36.

Masih, H., Peter, J. K. e Tripathi, P. 2014. Uma avaliação comparativa da atividade antifúngica de extratos de plantas medicinais e fungicidas químicos contra quatro patógenos de plantas. ***Revista Internacional de Microbiologia Atual e Ciência Aplicada***, *3*(5), 97-109.

Matsumoto, T. e Tomoyasu, R. 1925. Estudos sobre a mancha púrpura da semente de soja. ***Anais da Sociedade de Fitopatologia***, *1* (6), 1-14.

McGee, D. C., Brandt, C. L. e Burris, J. S. 1980. Seed mycoflora of soybeans relative to fungal interactions, seedling emergence and carryover of pathogens to subsequent crops. ***Phytopathology***, *70* (7), 615-617.

Milazzo, M. F., Spina, F., Cavallaro, S., e Bart, J. C. J. 2013. Sustainable soy biodiesel. ***Renewable and Sustainable Energy Reviews***, *27*, 806-852.

Miller, W. A. e Roy, K. W. 1982. Mycoflora of soybean leaves, pods and seeds in Mississippi. ***Canadian Journal of Botany***, *60*(12), 2716-2723.

Mohamed, S. 2014. Alimentos funcionais contra a síndrome metabólica (obesidade, diabetes, hipertensão e dislipidemia) e doença cardiovasular. ***Tendências em Ciência e Tecnologia Alimentar***, *35*(2), 114-128.

Munoz, J. M., Sandstead, H. H., Jacob, R. A., Johnson, L. e Mako, M. E. 1979. Effects of dietary fiber on glucose tolerance of normal men (Efeitos da fibra alimentar na tolerância à glucose de homens normais). ***Diabetes***, *28*(5), 496-502.

Nagamani, A., Kunwar, I. K e Manoharachary, C. 2006. Hand book of soil fungi. I. K. International Pvt. Ltd. New Delhi.

O'donnell, K., e Gray, L. E. 1994. Phylogenetic relationships of the soybean sudden death syndrome pathogen *Fusarium solani* f. sp. *phaseoli* inferred from rDNA sequence data and PCR primers for its identification. ***Molecular PlantMicrobe Interactions***, *8*(5), 709-716.

Omoni, A. O. e Aluko, R. E. 2005. Alimentos de soja e seus benefícios: potenciais mecanismos de ação. ***Nutrition Reviews***, *63*(8), 272-283.

Pacin, A. M., Gonzalez, H. H. L., Etcheverry, M., Resnik, S. L., Vivas, L. e Espin, S. 2003. Fungi associated with food and feed commodities from Ecuador. ***Mycopathologia***, *156*(2), 87-92.

Park, J. S., Lee, K. R., Kim, J. C., Lim, S. H., Seo, J. A. e Lee, Y. W. 1999. Um fator hemorrágico (apicidina) produzido por isolados de *Fusarium* tóxicos de sementes de soja. ***Applied and Environmental Microbiology***, *65*(1), 126-130.

Pathan, M. A., Sinclair, J. B. e McClary, R. D. 1989. Effects of *Cercospora kikuchii* on soybean seed germination and quality. ***Plant Disease***, *73*(9), 720-723.

Pimentel, D. e Patzek, T. W. 2005. Produção de etanol utilizando milho, switchgrass e madeira; produção de biodiesel utilizando soja e girassol. ***Natural Resources Research***, *14*(1), 65-76.

Rist, V. T., Weiss, E., Sauer, N., Mosenthin, R. e Eklund, M. 2014. Efeito do fornecimento de proteína dietética proveniente de farelo de soja ou caseína na microbiota intestinal de leitões. ***Anaerobe***, 25, 72-79.

Roy, K. W., Baird, R. E. e Abney, T. S. 2001. A review of soybean (*Glycine max*) seed, pod and flower mycofloras in North America, with methods and a key for identification of selected fungi. ***Mycopathologia***, *150*(1), 15-27.

Sajeesh, P. K., Rao, M. S. L. e Shamarao, J. 2014. Triagem de genótipos de soja (*Glycine max* (L.) Merill) contra a mancha roxa das sementes e a doença da antracnose. ***Ambiente e Ecologia***, *32*(3A), 1092-1095.

Sateesh, M. K. e Bhat, S. S. 1999. Deteção de *Phomopsis azadirachtae* transmitida por sementes e sua transmissão em *Azadirachta indica* (Neem). ***Seed Science and Technology***, *27*(2), 753-759.

Sateesh, M.K. 1998. Investigações microbiológicas sobre a doença da morte do neem. (*Azadirachta indica* A. Juss.). Tese de doutoramento, Universidade de Mysore. Mysore, Karnataka, Índia.

Sato, T., Aoki, M., Aoki, T., Kubota, M., Yaguchi, T., Uzuhashi, S. e Tomioka, K. 2014. Fungos isolados de rebentos de feijão estragados no Japão. ***Japan Agricultural Research Quarterly***, *48*(3), 317-329.

Schmutz, J., Cannon, S. B., Schlueter, J., Ma, J. X., Mitros, T., Nelson, W., Hyten, D. L., Song, Q. J., Thelen, J. J., Cheng, J. L., Xu, D., Hellsten, U., May, G. D., Yu, Y., Sakurai, T., Umezawa, T., Bhattacharyya, M. K., Sandhu, D., Valliyodan, B., Lindquist, E., Peto, M., Grant, D., Shu, S.Q., Goodstein, D., Barry, K., Futrell-Griggs, M., Abernathy, B., Du, J. C., Tian, Z.X., Zhu, L. C., Gill, N., Joshi, T., Libault, M., Sethuraman, A., Zhang, X. C., Shinozaki, K., Nguyen, H. T., Wing, R. A., Cregan, P., Specht, J., Grimwood, J., Rokhsar, D., Stacey, G., Shoemaker, R. C. e Jackson, S. A. 2010. Sequência do genoma da soja paleopoliplóide. ***Nature,*** 463 (7278), 178-183.

Sedghi, M. e Gholi-Toluie, S. 2014. Influência do ácido salicílico no potencial antimicrobiano dos extractos de folhas de *Stevia* (*Stevia rebaudiana Bertoni*, Asteraceae) contra agentes patogénicos transmitidos por sementes de soja. ***Revista Tropical de Investigação Farmacêutica***, *12*(6), 1035-1038.

Shah, N C. 2014. Lores etnobiológicas da cultura kumaon da Índia. ***The Scitech Journal***,*01*(03): 28-36.

Shortt, B. J., Sinclair, J. B., Helm, C. G., Jeffords, M. R. e Kogan, M. 1982. Soybean seed quality losses associated with bean leaf beetles and *Alternaria tenuissima.* ***Phytopathology***, *72* (6), 615-618.

Shovan, L. R., Bhuiyan, M. K. A., Begum, J. A. e Pervez, Z. 2008. Controlo *in vitro* de *Colletotrichum dematium*, causador da antracnose da soja, por fungicidas, extractos de plantas e *Trichoderma harzianum.* ***Journal of Sustainable Crop Production***, *3* (3), 10-17.

Shurtleff, W. e Aoyagi, A. 2010. History of Soybeans and Soyfoods in South Asia/Indian Subcontinent (1656-2010): Extensively Annotated Bibliography and Sourcebook. Centro Soyinfo.

Shurtleff, W. e Aoyagi, A. 2013. História da fibra de soja e da fibra alimentar (1621 a 2013): Bibliografia extensivamente anotada e livro de referência. Centro Soyinfo.

Sinclair, J. B. 1982. Compêndio de doenças da soja. American Phytopathological Society e University of Illinois. EUA.

Sinclair, J. B. 1982. Compêndio de doenças da soja. American Phytopathological Society e University of Illinois. EUA.

Sinclair, J. B. 1995. Reavaliação das normas de classificação e descontos para sementes de soja danificadas por fungos. ***Journal of the American Oil Chemists' Society***, *72* (12), 1415-1419.

Somekawa, Y., Chiguchi, M., Ishibashi, T. e Aso, T. 2001. Soy intake related to menopausal symptoms, serum lipids and bone mineral density in postmenopausal Japanese women. ***Obstetrics and Gynecology***, 97*(1)*, 109115.

Stahl, C., Vanderhoef, L. N., Siegel, N. e Helgeson, J. P. 1973. A toxina T-2 *de Fusarium tricinctum* inibe o alongamento promovido pela auxina no hipocótilo da soja. ***Plant Physiology***, *52*(6), 663-666.

Steinkraus, K. H. 1997. Classificação dos alimentos fermentados: Revisão mundial das técnicas de fermentação doméstica. ***Food Control***, *8*(5), 311-317.

Sun, S., Kim, M. Y., Van, K., Lee, Y. W., Li, B. e Lee, S. H. 2013. QTLs para resistência à podridão de sementes de *Phomopsis* estão associados a dias até a maturidade em soja (*Glycine max*). ***Theoretical and Applied Genetics***, *126*(8), 20292038.

Sutton, B. C. 1971. The Coelomycetes: Fungal imperfecti with pycnidia, acervuli and stroma. *Commonwealth Mycological Institute*, Surrey, Inglaterra.

Tsay, J. G. 1990. *Aspergillus* seedling blight of soybean e factores que afectam o seu desenvolvimento. ***Boletim de Proteção das Plantas*** *(Taipei)*, *32*(3), 183-194.

Ulloa, M. e Hanlin, R. T. 2012. Dicionário ilustrado de micologia, segunda edição. Sociedade Americana de Fitopatologia. SOCIEDADE AMERICANA DE FITOPATOLOGIA.

Verma, K. e Darpan, S. 2014. Efeito do filtrado de cultura de *Choanephora infundibulifera* no desenvolvimento de doenças em folhas de soja. ***Anais das Ciências da Proteção das Plantas***, *22*(1), 221-223.

Webster, J. e Webber, W. S. 2007 Introduction to fungi (Terceira edição). Cambridge University Press. Cambridge, Reino Unido.

White, T. J., Bruns, T., Lee, S. J. W. T. e Taylor, J. W. 1990. Amplificação e sequenciação direta de genes de ARN ribossómico de fungos para filogenética. Protocolos de PCR: um guia de métodos e aplicações. 18, 315-322.

Wrather, J. A. e Koenning, S. R. 2009. Efeitos das doenças no rendimento da soja nos Estados Unidos de 1996 a 2007. Plant Health Progress. doi:10.1094/PHP-2009- 04404-01-RS.

Wrather, J. A., Anderson, T. R., Arsyad, D. M., Tan, Y., Ploper, L. D., Porta-Puglia, A. e Yorinori, J. T. 2001. Estimativas de perdas por doenças da soja nos dez principais países produtores de soja em 1998. ***Canadian Journal of Plant Pathology***, *23* (2), 115-121.

Y adav, R. K., Sangwan, R. S., Sabir, F., Srivastava, A. K. e Sangwan, N. S. 2014. Efeito do estresse hídrico prolongado em metabólitos secundários especializados, tricomas glandulares peltados e expressão gênica da via em *Artemisia annua* L. ***Fisiologia e Bioquímica de Plantas***, *74*, 70-83.

Y ang, T., Xu, C., Liu, X., Chen, X., Zhang, J. e Ding, X. 2014. Destino de um novo fungicida estrobilurina piraoxistrobina em solo inundado. ***Ciência Ambiental: Processes and Impacts***, *16*(6), 1495-1500.

Y ang, X. B. e Navi, S. S. 2005. Primeiro relatório de epidemias de podridão de carvão causadas por *Macrophomina phaseolina* em soja em Iowa. ***Plant Disease***, *89*(5), 526-531.

Zar, S., Benson, M. J. e Kumar, D. 2005. Títulos séricos de IgG4 e IgE específicos dos alimentos para antigénios alimentares comuns na síndrome do intestino irritável. ***The American Journal of Gastroenterology***, *100*(7), 1550-1557.

Zhang, A. W., Hartman, G. L., Riccioni, L., Chen, W. D., Ma, R. Z. e Pedersen, W. L. 1997. Usando PCR para distinguir *Diaporthe phaseolorum* e *Phomopsis longicolla* de outros patógenos fúngicos da soja e para detectá-los em tecidos de soja. ***Plant Disease***, *81* (10), 1143-1149.

MIX
Papier aus verantwortungsvollen Quellen
Paper from responsible sources
FSC® C105338

Printed by Books on Demand GmbH, Norderstedt / Germany